Bilal Amghar

**Convertisseurs de puissance intelligents**

Bilal Amghar

# Convertisseurs de puissance intelligents

## Modélisation, observabilité et commande de convertisseurs multicellulaires parallèles

Presses Académiques Francophones

**Impressum / Mentions légales**
Bibliografische Information der Deutschen Nationalbibliothek: Die Deutsche Nationalbibliothek verzeichnet diese Publikation in der Deutschen Nationalbibliografie; detaillierte bibliografische Daten sind im Internet über http://dnb.d-nb.de abrufbar.
Alle in diesem Buch genannten Marken und Produktnamen unterliegen warenzeichen-, marken- oder patentrechtlichem Schutz bzw. sind Warenzeichen oder eingetragene Warenzeichen der jeweiligen Inhaber. Die Wiedergabe von Marken, Produktnamen, Gebrauchsnamen, Handelsnamen, Warenbezeichnungen u.s.w. in diesem Werk berechtigt auch ohne besondere Kennzeichnung nicht zu der Annahme, dass solche Namen im Sinne der Warenzeichen- und Markenschutzgesetzgebung als frei zu betrachten wären und daher von jedermann benutzt werden dürften.

Information bibliographique publiée par la Deutsche Nationalbibliothek: La Deutsche Nationalbibliothek inscrit cette publication à la Deutsche Nationalbibliografie; des données bibliographiques détaillées sont disponibles sur internet à l'adresse http://dnb.d-nb.de.
Toutes marques et noms de produits mentionnés dans ce livre demeurent sous la protection des marques, des marques déposées et des brevets, et sont des marques ou des marques déposées de leurs détenteurs respectifs. L'utilisation des marques, noms de produits, noms communs, noms commerciaux, descriptions de produits, etc, même sans qu'ils soient mentionnés de façon particulière dans ce livre ne signifie en aucune façon que ces noms peuvent être utilisés sans restriction à l'égard de la législation pour la protection des marques et des marques déposées et pourraient donc être utilisés par quiconque.

Coverbild / Photo de couverture: www.ingimage.com

Verlag / Editeur:
Presses Académiques Francophones
ist ein Imprint der / est une marque déposée de
OmniScriptum GmbH & Co. KG
Heinrich-Böcking-Str. 6-8, 66121 Saarbrücken, Deutschland / Allemagne
Email: info@presses-academiques.com

Herstellung: siehe letzte Seite /
Impression: voir la dernière page
**ISBN: 978-3-8416-2841-1**

Zugl. / Agréé par: Université de Cergy, 2013

# Remerciements

Au terme de ce travail, c'est avec émotion que je tiens à remercier tous ceux qui, de près ou de loin, ont contribué à la réalisation de ce projet.

Je tiens tout d'abord à adresser mes remerciements les plus sincères à Mrs les professeurs Moumen Darcherif et Jean Pierre Barbot.

Mes remerciements s'adressent ensuite à Malek Ghanes qui m'a aidé beaucoup et conseillé quand j'en ai besoins, je lui en suis reconnaissant.

J'aimerais adresser un remerciement particulier à Anita Javanaud pour son aide, sa gentillesse et son soutien.

Ce travail n'aurait pu aboutir sans l'aide de nombreuses personnes. Que me pardonnent celles que j'oublie ici, mais j'adresse une pensée particulière à Nathalie Doux qui m'a énormément aidé pour la mise en forme de ce travail. J'ai pu travailler dans un cadre particulièrement agréable, grâce à l'ensemble des enseignants de l'EPMI. Je pense particulièrement à Moncef, Jean Michel Brucker, Maurice Chayet, Blondine, Karim , Samir, Ikram, Milka , Marvin, Nathalie Saker (qui m'a transmis ses expériences),Olivier, Raphaël, Gregory, Alex et Jean.

Mes remerciements s'adressent enfin à mon père, ma maman et mes frères et sœur (Hamza, Mazigh, Mouhand, Lounis et Linda) qui m'ont toujours épaulé dans ce projet.

# Table des matières

**Notations**     **9**

**Introduction Générale**     **11**

**1 Convertisseurs multicellulaires parallèles**     **13**

   1.1 Introduction . . . . . . . . . . . . . . . . . . . . . . . . . . . . . . . . 13

   1.2 Convertisseurs continu-continu . . . . . . . . . . . . . . . . . . . . . . 14

       1.2.1 Convertisseur Boost . . . . . . . . . . . . . . . . . . . . . . . . 14

       1.2.2 Convertisseur Buck . . . . . . . . . . . . . . . . . . . . . . . . 15

   1.3 Structure élémentaire d'un convertisseur multicellulaire parallèle . . . . . . 15

       1.3.1 Cellule de commutation (Synchron Buck converter) : . . . . . . . . . 16

            1.3.1.1 Structure . . . . . . . . . . . . . . . . . . . . . . . . . 17

            1.3.1.2 Caractéristique statique des interrupteurs et commutation : 17

            1.3.1.3 Modélisation du convertisseur à une cellule de commuta-

                     tion . . . . . . . . . . . . . . . . . . . . . . . . . . . . . 20

            1.3.1.4 Résultats de simulation . . . . . . . . . . . . . . . . . . 21

            1.3.1.5 Modèle des pertes d'une cellule de commutation . . . . . . 22

   1.4 Mise en parallèle de plusieurs cellules de commutation. . . . . . . . . . . . 28

       1.4.1 Convertisseur multicellulaire parallèle AC/AC . . . . . . . . . . . . 28

       1.4.2 Convertisseur multicellulaire parallèle DC/DC . . . . . . . . . . . 28

   1.5 VRM Alimentation des microprocesseurs : . . . . . . . . . . . . . . . . . 29

       1.5.1 Évolution des alimentations des microprocesseurs : . . . . . . . . . 29

       1.5.2 Différentes topologies des VRM : . . . . . . . . . . . . . . . . . . 32

            1.5.2.1 VRM avec une cellule de commutation : . . . . . . . . . . 33

            1.5.2.2 VRM avec plusieurs cellules de commutation : . . . . . . 34

1.6    Problématiques liée à la mise en parallèle de plusieurs cellules de commutation : . . . . . . . . . . . . . . . . . . . . . . . . . . . . . . . . . 35

     1.6.1    Déséquilibrage des courants de branches : . . . . . . . . . . . 35

     1.6.2    Régulation de la tension de sortie du VRM : . . . . . . . . . . 36

1.7    Conclusion : . . . . . . . . . . . . . . . . . . . . . . . . . . . . . . 37

**2   Analyse d'observabilité du convertisseur et synthèse d'un observateur
hybride                                                           39**

2.1    Introduction . . . . . . . . . . . . . . . . . . . . . . . . . . . . . . 39

2.2    Modélisation du convertisseur multicellulaire parallèle DC-DC . . . . . . . 41

     2.2.1    Modèle continu . . . . . . . . . . . . . . . . . . . . . . . . . 41

     2.2.2    Modélisation du convertisseur . . . . . . . . . . . . . . . . . 42

2.3    Analyse d'observabilité . . . . . . . . . . . . . . . . . . . . . . . . 44

     2.3.1    Observabilité des systèmes linéaires . . . . . . . . . . . . . . 44

     2.3.2    Observabilité des systèmes non linéaires . . . . . . . . . . . . 46

         2.3.2.1    Observabilité au sens du rang . . . . . . . . . . . . 46

     2.3.3    Observabilité des Systèmes Dynamiques Hybrides (SDH) . . . . . 48

         2.3.3.1    $Z(T_N)$-Observabilité . . . . . . . . . . . . . . . . . 49

2.4    Synthèse d'observateurs . . . . . . . . . . . . . . . . . . . . . . . 55

         2.4.0.2    Observateur mode glissant et Algorithme du twisting . . . 56

     2.4.1    Synthèse d'observateur pour les courants de branches . . . . . . 59

2.5    Résultats de simulations . . . . . . . . . . . . . . . . . . . . . . . 61

2.6    Conclusion . . . . . . . . . . . . . . . . . . . . . . . . . . . . . . 65

**3   Modélisation et commande hybride au moyen des réseaux de Petri       67**

3.1    Introduction : . . . . . . . . . . . . . . . . . . . . . . . . . . . . 67

3.2    Modélisation des systèmes hybrides : . . . . . . . . . . . . . . . . . 69

3.3    Modèles hybrides : . . . . . . . . . . . . . . . . . . . . . . . . . . 69

     3.3.1    Automates hybrides : . . . . . . . . . . . . . . . . . . . . . 69

     3.3.2    Réseaux de Petri . . . . . . . . . . . . . . . . . . . . . . . 70

         3.3.2.1    Réseaux de Petri autonomes . . . . . . . . . . . . . 70

         3.3.2.2    Réseaux de Petri continus . . . . . . . . . . . . . . 71

         3.3.2.3    Réseaux de Petri hybrides . . . . . . . . . . . . . . 72

         3.3.2.4    Réseaux de Petri dépendant du temps . . . . . . . . . 73

3.3.3    Bond graph . . . . . . . . . . . . . . . . . . . . . . . . . 73

3.3.4    Autres modèles . . . . . . . . . . . . . . . . . . . . . . . 74

3.4   Commande hybride au moyen des réseaux de Petri : . . . . . . . . . . . . 75

3.4.1    Structure de base d'un contrôleur hybride : . . . . . . . . . . . . 75

3.4.1.1    Caractéristiques des interrupteurs de commutation : . . . 75

3.4.2    Modélisation fonctionnelle du convertisseur multicellulaire parallèle . 75

3.4.3    Description fonctionnelle d'une cellule de commutation : . . . . . . . 76

3.5   commande hybride du convertisseur multicellulaire parallèle à base des réseaux de Petri . . . . . . . . . . . . . . . . . . . . . . . . . . . . . . 78

3.6   Résultats de simulation . . . . . . . . . . . . . . . . . . . . . . . 82

3.7   Conclusion . . . . . . . . . . . . . . . . . . . . . . . . . . . . . 86

**4   Expérimentation et validation des résultats théoriques    87**

4.1   Introduction . . . . . . . . . . . . . . . . . . . . . . . . . . . . . 87

4.2   Dimensionnement des composants . . . . . . . . . . . . . . . . . . . 88

4.2.1    Le condensateur d'entrée . . . . . . . . . . . . . . . . . . . 88

4.2.2    Le condensateur de sortie . . . . . . . . . . . . . . . . . . . 88

4.2.3    Les inductances de liaison . . . . . . . . . . . . . . . . . . . 90

4.2.4    Les interrupteurs de commutation . . . . . . . . . . . . . . . 91

4.2.4.1    MOS et MOSFET de puissance . . . . . . . . . . . . . 92

4.2.4.2    Module des interrupteurs de commutation : . . . . . . . . 93

4.3   La carte de commande : . . . . . . . . . . . . . . . . . . . . . . . . 95

4.4   Schéma global du montage . . . . . . . . . . . . . . . . . . . . . . . 97

4.5   Partie expérimentale . . . . . . . . . . . . . . . . . . . . . . . . . 98

4.5.1    Commande classique (MLI) . . . . . . . . . . . . . . . . . . 98

4.5.2    Commande proposée . . . . . . . . . . . . . . . . . . . . . 99

4.6   Résultats expérimentaux pour l'observation des courants de branches . . . 102

4.7   Conclusion : . . . . . . . . . . . . . . . . . . . . . . . . . . . . . 104

**Conclusion Générale    105**

**Table des figures    109**

**Bibliographie    113**

# Notations

AC/AC : Convertisseur de courant alternatif

BGA : Ball Grid Array

CMP : Convertisseur Multicellulaire Parallèle

CI : Circuit Intégré

CCM : Continuous Conduction Mode

COMFET : Conductivity Modulated Field Effect Transisto

CEM : Compatibilité Electro-Magnétique

DC/DC : Convertisseur de courant continu

DCM : Discontinuous Conduction Mode

FET : Field Effect Transisto

FPGA : Field Programmable Gate Array

GIC : Graphe Informationnel Causal

HDL : hardware Description Language

IGT : Insulated Gate Transistor

$I_L$ : Courant de branche

IP2002 : Module des interrupteurs de commutation

IGBT : Transistor bipolaire à grille isolée $Insulated Gate Bipolar Transistor$

$I_S$ : Courant de sortie

MLI : Modulation de Largeur d'Impulsion

MOS : $Metal Oxide Semiconductor$

MSMC : Modélisation Simulation de Machines Cybernétiques

MOSFET : Metal Oxide Semiconductor Field Effect Transistor

$O$ : Matrice d'observabilité

PI : Proportionnel Intégral

PCB : Printed Circuit Board

RdP : Réseaux de Pétri

RLC : circuit linéaire contenant une résistance électrique, une bobine (inductance) et un condensateur (capacité)

RdPC : Réseaux de Petri Continus

RdPH : Réseaux de Petri Hybride

RAM : Mémoire RAM

RS232 : Norme standardisant un bus de communication de type série

REM : Représentation Énergétique Macroscopique

SPARTAN 3E Xilinx : Carte de commande à base des FPGA

SDD : Systèmes Dynamiques Hybrides

SDH : Système Dynamique Hybride

SED :Systèmes à Évènements Discrets

TGV : Train à Grande Vitesse

$T_{i,j}$ : Les interrupteurs de commutation

UPS : Uninterruptible Power Supply

USB : Universal Serial Bus

VRM : Voltage Regulator Module

$V_s$ : Tension de sortie

$V_e$ : Tension d'entrée

VR : Voltage Regulator

# Introduction Générale

Les grandes contraintes des concepteurs de convertisseurs de puissance aujourd'hui sont à la fois de prendre en compte la diversification des sources d'énergie primaire et d'accompagner l'accroissement rapide de la consommation énergétique. Ces objectifs sont atteints par le développement de convertisseurs dédiés, puissants, robustes et éco-durables.

Pour répondre à la contrainte de montée en puissance de nombreux travaux ont été d'abord déployés au niveau des composants (diode, théristor, IGBT, Mosfet, etc.), ensuite au niveau de l'architecture du convertisseur lui-même. La contrainte inhérente à la robustesse a amené les spécialistes à développer des algorithmes et des lois de commande en vue d'obtenir de meilleures performances. De plus, la variabilité des sources d'énergies primaires et des domaines d'applications a conduit au développement de convertisseurs de puissance de plus en plus spécifiques. Enfin, les convertisseurs doivent respecter les contraintes environnementales tant au niveau de la non pollution électromagnétique que de l'éco-durabilité des matériaux utilisés.

C'est dans ce contexte que se positionne notre travail. Nous chercherons à concevoir une nouvelle génération de convertisseurs puissants, robustes et non polluants. Il s'agira de convertisseurs multicellulaires parallèles (CMP) dotés d'une commande robuste permettant à la fois un meilleur contrôle du fonctionnement du convertisseur et une gestion optimisée de la répartition des courants dans les cellules [MF92]. La maîtrise de la répartition du courant permet en effet d'éviter des surchauffes inutiles et donc de réaliser des économies d'énergie (refroidissement). Notre convertisseur est conçu de manière à limiter son taux de distorsion harmonique au niveau du bus de courant, grâce aux bobines de liaison et aux lois de commande appliquées.

Dans le premier chapitre nous passerons en revue les convertisseurs de puissance à courant continu DC/DC et leurs modèles. Cela nous permettra de dresser l'état de l'art en la matière et d'expliciter les contraintes et les enjeux.

Le deuxième chapitre est consacré à l'observabilité du convertisseur. L'objectif étant d'obtenir les principales grandeurs physiques de ce dernier avec un minimum de capteurs bien positionnés. Ceci afin de reconstituer les formes d'ondes et intensités du courant dans les branches du convertisseur, dans la perspective d'obtenir une répartition homogène du courant, de limiter les surchauffes inutiles et donc d'optimiser la puissance du convertisseur.

Le troisième chapitre traite de la régulation des courants de branches et de la tension de sortie au moyen d'un algorithme de contrôle hybride (temps continu et événement discret) basé sur une représentation par réseaux de Pétri (RdP). Le régulateur proposé est constitué de deux parties. La première partie est un contrôleur proportionnel intégral (PI), la deuxième est une boucle de régulation dont l'algorithme est synthétisé à l'aide d'une modélisation par RdP. La première boucle assure la régulation de la tension de sortie par rapport à une valeur référence. La deuxième boucle est synthétisée à base d'un RdP. Elle possède comme entrées « les états des courants de branches » et comme sortie « les commandes des interrupteurs de commutation ».

Le dernier chapitre décrit le banc d'essais que nous avons réalisé pour valider nos modèles. Le banc est constitué d'un convertisseur à trois cellules de commutation, piloté par une carte de commande FPGA. Une comparaison entre les résultats de simulation et les résultats expérimentaux effectuée à fin de valider les performances de l'algorithme proposé.

# Chapitre 1

# Convertisseurs multicellulaires parallèles

## 1.1 Introduction

Nous allons dans ce chapitre présenter une topologie de convertisseur basée sur la mise en parallèle des cellule de commutations, appelée convertisseur multicellulaire parallèle. Ces convertisseurs sont utilisés dans des applications forts courants : les onduleurs de secours de forte puissance (400V/135A), le réseau de puissance automobile (42V/24A) et surtout les régulateurs chargés d'alimenter des microprocesseurs : Voltage Regulator Module (VRM) (1,2V/100A) [MF92]. Les principales motivations de la mise en parallèle des cellules de commutation sont : - la possibilité d'atteindre des puissances inaccessibles avec des composants uniques, - l'utilisation de composants de calibre plus faible, et par conséquent plus performants, - la modularité du convertisseur qui, permet notamment de répondre à d'éventuelles modification du cahier de charges, - l'amélioration des formes d'ondes à l'entrée et à la sortie du convertisseur par une augmentation du nombre de degrés de liberté, - la réduction du coût total du convertisseur, car des composants de calibre plus faibles peuvent être utilisés. Ensuite, nous rappelons les différentes caractéristiques de la mise en parallèle des cellules de commutation et le problème lié à un parallélisme massif. Dans le but d'une analyse et synthèse des lois de commandes nous présentons les différents modèles mathématiques des convertisseurs parallèles.

## 1.2 Convertisseurs continu-continu

Les niveaux de puissance que l'on trouve dans les convertisseurs vont de moins d'un watt dans les convertisseurs des équipements portables, à une dizaine ou centaine de watts dans les alimentations des ordinateurs de bureau, aux kilowatts ou mégawatts dans la commande des moteurs à vitesse variable, et jusqu'aux térawatts dans les centrales électriques du secteur.

Les convertisseurs DC/DC en général réalisent deux fonctions : modifier le niveau de tension (élever ou abaisser) et réguler la tension. L'électronique de conversion se trouve à l'interface entre les batteries, accumulateurs ( sources d'énergie en général) et l'ensemble des blocs constitutifs du système considéré, des circuits électroniques numériques et analogiques, des écrans, des actionneurs, des claviers, etc. Plus de 5 à 6 niveaux de tensions peuvent cohabiter dans un seul système[MF92].

Il existe six structures principale de convertisseurs continu-continu non-isolés dont les schémas sont représentés sur la figure.1.1

### 1.2.1 Convertisseur Boost

Le circuit est alimenté par une source de tension $V_e$, la sortie est chargée par une résistance $R$ et débite un courant$I_S$. L'interrupteur $K$, symbolise ici comme un MOS FET de puissance, est rendu périodiquement conducteur avec un rapport cyclique $\alpha$ a la fréquence $F = \frac{1}{T}$. On distingue deux modes de fonctionnement de ce circuit selon que le courant circulant dans l'inductance $L$ est ou non continu (ne s'annule pas au cours de la période). Le mode conduction continue étant le plus intéressant pour ce convertisseur.

On constate que la tension de sortie du convertisseur ne dépend que de la tension d'entrée et du rapport cyclique $\alpha$. Celui ci étant toujours compris entre 0 et 1, le convertisseur est toujours élévateur de tension. On notera que la tension de sortie est théoriquement indépendante de la charge. Dans la pratique, la boucle de régulation ne devra donc compenser que les variations de la tension d'entrée et les imperfections des composants réels. La stratégie de régulation qui semble la plus évidente est la Modulation de Largeur d'Impulsion (MLI) a fréquence fixe et rapport cyclique $\alpha$ variable[JPJHALC98].

## 1.2.2  Convertisseur Buck

Dans les convertisseurs à stockage magnétique l'énergie est périodiquement stockée sous forme d'un champ magnétique dans une inductance ou dans un transformateur puis transférée vers la sortie. La quantité de puissance transférée est contrôlée en ajustant le rapport cyclique qui est égal au rapport entre le temps de fermeture et le temps d'ouverture de l'interrupteur de commutation. Le rapport cyclique est souvent ajusté par la technique de modulation de largeur d'impulsion PWM (Pulse Width Modulation). Souvent, ce contrôle est fait dans le but de réguler la tension de sortie, bien qu'il puisse aussi permettre d'asservir le courant d'entrée, le courant de sortie, ou bien la puissance de sortie.

Le fonctionnement d'un convertisseur Buck peut être divisé en deux configurations suivant l'état de l'interrupteur $K$

L'interrupteur $K$ est fermé pendant une fraction $\alpha T$ de la période de découpage $T$. La source primaire $V_e$ fournit de l'énergie à la charge et à l'inductance L. Lorsque l'interrupteur $K$ est ouvert, la diode de roue libre $D$ assure la continuité du courant et la décharge de l'inductance dans la charge.

La tension de sortie est ajustée en agissant sur le rapport cyclique $\alpha$. En régime permanent, la tension moyenne aux bornes de $L$ est nulle, ce qui impose que la tension de sortie $V_s$ est égale à la moyenne de la tension aux bornes de la diode, et par conséquence $V_s = \alpha V_e$. Par définition, $0 < \alpha < 1$, ce qui induit que le montage correspond à un abaisseur de tension. Le rôle de l'inductance est à la fois de stocker l'énergie et de filtrer le courant par rapport à la fréquence de découpage.

## 1.3  Structure élémentaire d'un convertisseur multicellulaire parallèle

De nombreux équipements d'électronique de puissance utilisent des associations série ou parallèle de semi-conducteurs : le transport de l'énergie en courant continu, la traction ferroviaire, les équipements d'électrolyse industrielle en fournissent des exemples prestigieux (IFA 2000, TGV,...). Compte tenu des imperfections des matériaux conducteurs, c'est en utilisant des tensions élevées et des courant relativement faibles que l'on optimise le rendement dans les applications de fortes puissances. Toutefois, l'utilisation de ces composants semi-conducteurs à forts calibres en tension ne se fait pas sans contrepartie. En effet, l'augmentation de la tenue en tension d'un composant se traduit par une détérioration importante des caractéristiques statiques et dynamiques. Ceci a donc amené les concepteurs à étudier de nouvelles structures de conversion basées sur des associations de structures élémentaires [P07], [MF92]. 1. Associer directement des composants semi-conducteurs. 2. Associer des cellules de commutations élémentaires. 3. Associer plusieurs convertisseurs statiques.

Dans notre travail en s'intéresse à la mise en parallèle des cellules de commutation dans le but d'augmenter le courant de sortie.

### 1.3.1    Cellule de commutation (Synchron Buck converter) :

Un convertisseur Buck synchrone est une version modifiée du convertisseur Buck classique dans laquelle on a remplacé la diode D par un second interrupteur $T_{1,2}$ (voir figure.1.2). Cette modification permet d'augmenter le rendement du convertisseur car la chute de tension aux bornes d'un interrupteur est plus faible que celle aux bornes d'une diode . Il est également possible d'augmenter encore le rendement en gardant la diode en parallèle du second interrupteur $T_{1,2}$. La diode permet alors d'assurer le transfert d'énergie lors de la courte période ou les interrupteurs sont ouverts. L'utilisation d'un interrupteur seul est un compromis entre augmentation du coût et du rendement.

L'association en parallèle de plusieurs cellules de commutation à donnée naissance au convertisseur multicellulaires parallèle[Meynard], la figure.1.2 représente un convertisseur multicellulaire parallèle à $n$ cellules de commutations[PJ00].

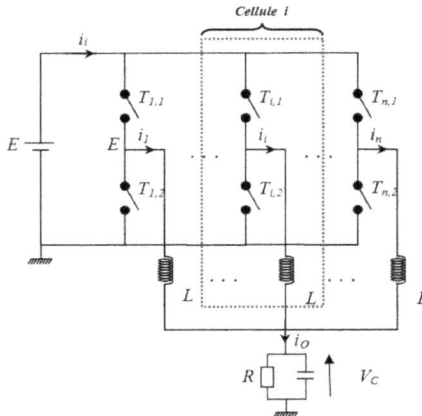

FIGURE 1.1 – Convertisseur multicellulaire parallèle à $n$ cellules de commutation.

### 1.3.1.1 Structure

La cellule de commutation, association d'au moins deux semiconducteurs, est considérée dans ce paragraphe comme élément constitutif d'un circuit électrique ; dans l'objectif de construire des structures de conversion plus performantes et aussi plus complexes que la cellule, nous abordons ici la question de l'interconnexion de plusieurs d'entre elles.

L'objectif de cette partie du travail est de dégager les contraintes et les règles qui président à l'élaboration de ces interconnexions. Rappelons que, en vertu de son principe de fonctionnement même, la cellule (figure.1.3) est nécessairement reliée.

La structure d'une cellule de commutation est identique à un hacheur abaisseur (buck), elle est constituée de deux interrupteur de commutation et un élément passif, ainsi que représentée figure.1.3.

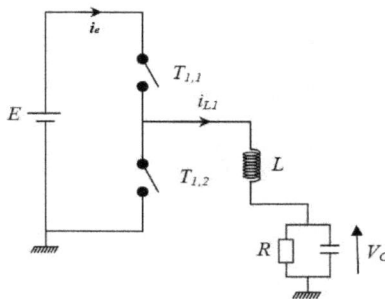

FIGURE 1.2 – Cellule de commutation d'un convertisseur multicellulaire parallèle.

### 1.3.1.2 Caractéristique statique des interrupteurs et commutation :

Lorsque cette cellule fonctionne en mode de conduction continu, on a les formes d'ondes de courant et de tension de la figure.1.4.

Par les mécanismes de mise en conduction et de blocage des deux interrupteurs, 2 états sont possibles

$T_{1,1}$ passant et $T_{1,2}$ bloqué. Les conditions de fonctionnement sont les suivantes :

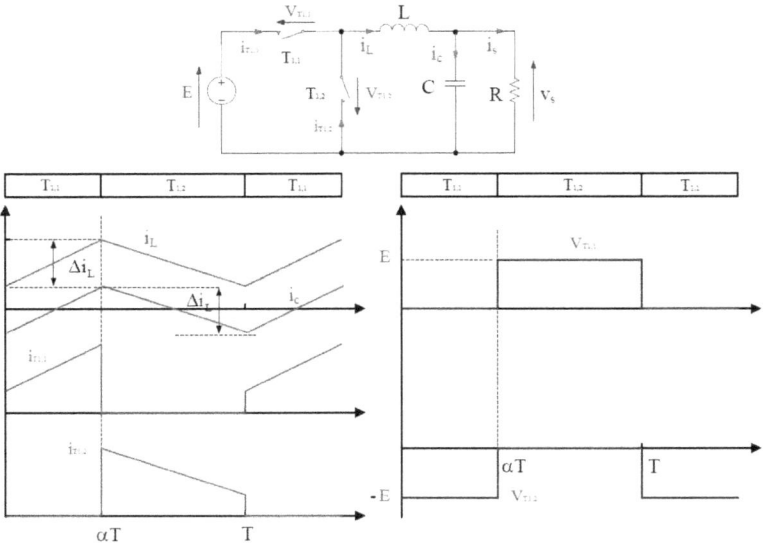

FIGURE 1.3 – Formes d'onde des grandeurs physique d'une cellule de commutation (courants et tensions).

$$\begin{cases} V_s & = E \quad avec \quad V_{T_{1,2}} & = -E \\ \\ I_e & = I_L \quad avec \quad I_{T_{1,1}} & = I_L \end{cases} \tag{1.1}$$

$T_{1,1}$ bloqué et $T_{1,2}$ passant. Les conditions de fonctionnement sont les suivantes :

$$\begin{cases} V_s & = 0 \quad avec \quad V_{T_{1,1}} & = E \\ \\ I_e & = 0 \quad avec \quad I_{T_{1,1}} & = I_L \end{cases} \tag{1.2}$$

Nous considérons des sources de tension et de courant qui sont respectivement unidirectionnelles en courant et en tension. A partir de la représentation de la figure.1.7, on peut écrire :

$$
\begin{cases}
V_{T_{1,1}} - V_{T_{1,2}} &= E \\[2mm]
I_{T_{1,1}} + I_{T_{1,2}} &= I_L
\end{cases}
\tag{1.3}
$$

Suivant les états respectifs des deux interrupteurs, on peut donc écrire :
$T_{1,1}$ passant et $T_{1,2}$ bloqué :

$$
\begin{cases}
V_{T_{1,2}} &= -E \\[2mm]
I_{T_{1,1}} &= I_L
\end{cases}
\tag{1.4}
$$

$T_{1,1}$ bloqué et $T_{1,2}$ passant.

$$
\begin{cases}
V_{T_{1,1}} &= E \\[2mm]
I_{T_{1,2}} &= I_s
\end{cases}
\tag{1.5}
$$

La tension de sortie en valeur moyenne et l'ondulation de courant dans l'inductance peuvent être déduite comme suit :

$$
V_s = \alpha \cdot E
\tag{1.6}
$$

$$\Delta I_L = \frac{\alpha \cdot (1 - \alpha) \cdot E}{L \cdot f} \tag{1.7}$$

$$\Delta V_s = \frac{\Delta I_L}{8 \cdot C \cdot f} = \frac{\alpha \cdot (1 - \alpha) \cdot E}{8 \cdot C \cdot L \cdot f^2} \tag{1.8}$$

Le courant moyen traversant l'inductance est égale au courant moyen dans la charge :

$$I_L = I_s \tag{1.9}$$

Les contraintes sur les deux interrupteurs et diodes sont les mêmes

### 1.3.1.3   Modélisation du convertisseur à une cellule de commutation

La modélisation de ce convertisseur passe par l'analyse des différentes séquences de fonctionnement que nous supposerons de durées fixées par la commande $S$. Il apparaît deux séquences de fonctionnement selon l'état de l'interrupteur $T_{1,1}$, on suppose que $T_{1,1}$ et $T_{1,2}$ sont complémentaires , que nous pouvons représenter par le système d'équations différentielles suivant.

$$\begin{cases} L\frac{di_L}{dt} = -R_L \; i_L - v_C + s \; E \\ C\frac{dv_C}{dt} = i_L - \frac{v_C}{R} \end{cases} \tag{1.10}$$

Paramètres :

- $E$ Tension d'entrée
- $i_L$  Courant dans l'inductance
- $C$   Condensateur de sortie (F)
- $L$   Inductance de lissage (H)
- $R_L$ Résistance liée à l'inductance (  )

#### 1.3.1.4 Résultats de simulation

Dans cette partie on a utilisé Matlab Simulink pour simuler le comportement dynamique d'une cellule de commutation. Afin d'étudier l'influence du rapport cyclique sur les grandeurs internes de la cellule, on a fait varié le temps de conduction entre 0 et 1. Les paramètres utilisés dans le modèle de simulations sont représentés dans le tableau suivant :

TABLE 1.1 – Paramètres du système

| Paramètres | Dsignations |
|---|---|
| $U_e = 12V$ | Tension d'entrée |
| $V_C = 6V$ | Tension de sortie l |
| $I_L$ | Courant de branche |
| $I_s$ | Courant de sortie |
| $S,$ | État de l'interrupteur |
| $L = 100\mu H$ | Inductance |
| $R_L = 1m$ | Résistance liée à l'inductance |
| $C = 100\mu F$ | Condensateur de sortie |
| $D \in [0, 1]$ | Rapport cyclique |
| $R = 0.6$ | Résistance de la charge |

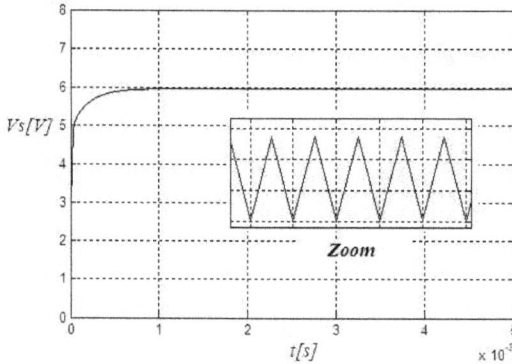

FIGURE 1.4 – Formes d'onde des grandeurs physique d'une cellule de commutation (Tension aux bornes de la charge $V_C$).

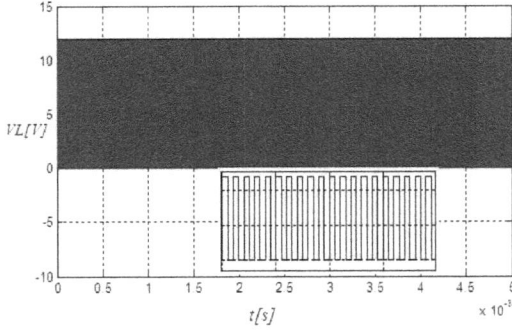

FIGURE 1.5 – Formes d'onde des grandeurs physique d'une cellule de commutation (Tension aux bornes de l'inductance$L$).

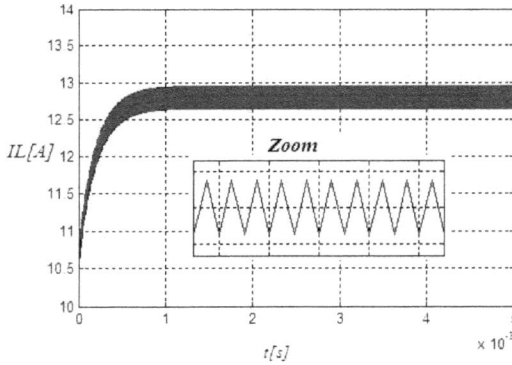

FIGURE 1.6 – Formes d'onde des grandeurs physique d'une cellule de commutation (Courant $I_L$).

### 1.3.1.5   Modèle des pertes d'une cellule de commutation

Comme la cellule de commutation MOS diode est le coeur de l'électronique de puissance, de nombreuses études ont déjà été effectuées sur ce sujet [Perret] [Lembeye] [Akhbari] [Raël] [Jeanin]. Plusieurs modèles plus ou moins fins sont proposés pour chaque problème physique. Nous pouvons distinguer les domaines physiques suivants [Schanen] :

- Électromagnétique pour les études de pertes, de commande et de CEM conduite et rayonnée.

- Thermique et hydraulique pour le dimensionnement du refroidissement

- Thermométrique pour les études de la dilatation, de l'origine des défaillances.

- Thermoélectrique pour les études des paramètres physiques des semi conducteurs et le calcul des pertes

- Électromécanique pour dimensionner le bus barre en cas de court circuit

- Électrostatique et électrodynamique pour les études de décharges partielles et claquage électrique.

$C_{gs}$ est la capacité grain source.

$C_{ds}$ est la capacité de la transition de la jonction.

$C_{gd}$ est la capacité grille drain, aussi appelée capacité Miller

$C_d$ est la capacité de la diode

$L_p$ est l'inductance parasite.

$R_g$ est la résistance de commande.

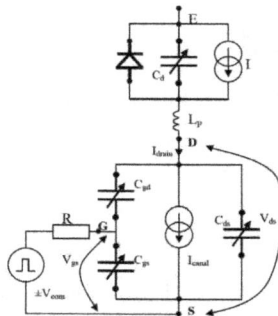

FIGURE 1.7 – Cellule de commutation détaillée d'un convertisseur parallèle.

En ce qui concerne l'étude des pertes, le modèle de la cellule de commutation est présenté dans la figure 1.3. Les formes d'ondes simplifiées sont illustrées dans la figure.1.4. Nous allons analyser les pertes dans celle-ci pendant les principaux intervalles suivants :

– la conduction du MOS

– le blocage du MOS

– la fermeture du MOS

– l'ouverture du MOS

Dans chaque intervalle, nous déterminerons les pertes dans le MOS ainsi que celles dans la diode.

1. Conduction du MOS :

   En régime de conduction permanent, les pertes dans le MOS sont caractérisées par une résistance $R_{ds(on)}$ :

   $$P_{cond} = R_{ds(on)} \cdot I_{eff}^2 \qquad (1.11)$$

   Les pertes en régime de blocage de la diode sont négligeables.

2. Blocage du MOS :

   Les pertes en régime de blocage MOS sont négligeables. Pendant cet intervalle, la diode est en conduction. Elle est modélisée par une résistance $R_D$ et une force contre électromotrice $V_0$. Les pertes sont donc calculées par :

   $$P_{D\_cond} = V_0 I_{dmoy} + R_D I_{D\_eff}^2 \qquad (1.12)$$

3. Fermeture du MOS :

   - Temps de délai de fermeture $t_{don}$ : La fermeture dun MOS commence par l'application d'une tension positive $V_{com}$ sur le circuit de grille. La tension $V_{gs}$ évolue et atteint une valeur de seuil $V_{th}$ après un temps tdon. Pendant cet intervalle, aucune perte ne se produit dans le circuit de puissance réalisé par la diode et le MOS. Les seules pertes sont celle du circuit de grille que nous négligerons dans cette étude compte tenu de la puissance du convertisseur. - Temps de montée en courant $t_{on}$ : A partir de d'instant où Vgs est égale à la tension de seuil $V_{th}$, le canal est créé, le courant dans le MOS augmente proportionnellement avec la diminution du courant dans la diode. A la fin de cette phase, le courant du MOS atteint la valeur du courant du circuit externe tandis que celui de la diode s'annule. - Temps de recouvrement $t_{RM}$ : Pour les diodes PIN, à cause du phénomène de recouvrement, la diode continue à se décharger vers le MOS. Par conséquent, le courant du MOS continue à augmenter et le courant dans la diode est inversé. Ces courants aboutissent à leur maximum après un temps $t_{RM}$. Les pertes dissipées pendant ces temps ton et $t_{RM}$ sont calculées par :

$$P_{mont} = \frac{E \cdot (I_{Ton} + I_{Ton})}{2}(t_{on} + t_{RM}) \cdot F \qquad (1.13)$$

Le recouvrement allonge involontairement le temps de fermeture des MOS à l'intervalle où le courant est proche sa valeur de commutation maximale. Par conséquent, les pertes par ce phénomène peuvent être très critiques. - Temps de descente en tension $t_{Miller\_on}$ : cette phase, appelée aussi le plateau Miller, est souvent assimilée à des charges et décharges des capacités $C_d$ de la diode et $C_{oss}$ du MOS. La tension du MOS s'annule et la diode est polarisée en inverse. A la fin de cette phase, le régime permanent est établi avec la conduction de la diode et le blocage du MOS. Les pertes Miller sont déterminées par :

$$P_{Miller\_on} = p_{0Miller\_on} \cdot F \qquad (1.14)$$

Les pertes en fermeture sont par conséquent : $P_{on} = P_{montee} + P_{Miller\_on}$ Les pertes pendant l'ouverture de la diode (fermeture du MOS) sont déterminées en fonction de des charges stockées dans celle-ci : $P_{D\_off} = E \cdot Q_{rr} \cdot F$

4. Ouverture du MOS :

Le processus d'ouverture est inverse par rapport à la fermeture sauf qu'il n'existe pas le phénomène de recouvrement. - Temps de délai d'ouverture $t_{doff}$ : l'ouverture commence par l'application d'une tension de commande négative $V_{com}$ sur le circuit de grille. La tension de la grille Vgs reste supérieure à $V_{th}$. - Temps de montée en tension $t_{Miller\_off}$ : c'est le plateau Miller à l'ouverture. La diode est toujours bloquée. A la fin de cette phase, la tension de la diode est ramenée à zéro. Les pertes causées dans les MOS sont déterminées par :

$$P_{Miller\_off} = p_{0Miller\_off} \cdot F \qquad (1.15)$$

- Temps de descendre en courant toff : à partir du moment où Vgs est inférieur à Vth, le courant du MOS commence à diminuer. Le courant du circuit externe est compensé par l'augmentation du courant dans la diode.

Les pertes sont donc : $P_{descent} = \frac{1}{2} E \cdot I_{Toff} \cdot t_{off} \cdot F$.

Et les pertes pendant l'ouverture sont :

$P_{off} = P_{descent} + P_{Miller\_off}$

Les pertes pendant les deux plateaux Miller peuvent être calculées approximativement par [Lefèvre01] :

$$P_{Miller} = P_{Miller\_on} + P_{Miller\_off} = \frac{1}{2}(C_{oss} + C_d) \cdot E^2 \cdot F \qquad (1.16)$$

Les pertes par commutation dans le MOS sont :

$$\begin{aligned} P_{com} &= P_{on} + P_{off} = P_{montee} + P_{descent} + P_{Miller\_on} + P_{Miller\_off} \\ &= \frac{E \cdot (I_{Ton} + I_{RM})}{2}(t_{on} + t_{RM}) \cdot F + \frac{1}{2} E \cdot I_{Toff} \cdot t_{off} + \frac{1}{2}(C_{oss} + C_d) \cdot E^2 \cdot F \end{aligned} \qquad (1.17)$$

Les pertes par commutation dans les diodes :

$$P_{D\_off} = E \cdot Q_{rr} \cdot F \qquad (1.18)$$

Ainsi, les pertes dans une cellule MOS diode sont déterminées par :

$$
\begin{aligned}
P_{Mos} &= R_{ds(on)} \cdot I_{off}^2 + \frac{E \cdot (I_{Ton} + I_{RM})}{2}(t_{on} + t_{RM}) \cdot F + \frac{1}{2}E \cdot I_{Toff} \cdot t_{off} \\
&\quad + \frac{1}{2}(C_{oss} + C_d) \cdot E^2 \cdot F \qquad\qquad\qquad\qquad\qquad\qquad (1.19) \\
P_D &= V_0 \cdot I_{dmoy} + R_D \cdot I_{D\_off}^2 + E \cdot Q_{rr} \cdot F
\end{aligned}
$$

Dans ces formules, les valeurs liées au phénomène de recouvrement de la diode comme $I_{RM}$, $Q_{rr}$ et $t_{RM}$ dépendent de la valeur absolue de la pente du courant passant la diode lors de lannulation de celui-ci. Considérons que la montée du courant dans le MOS est linéaire, cette pente est déterminée par :

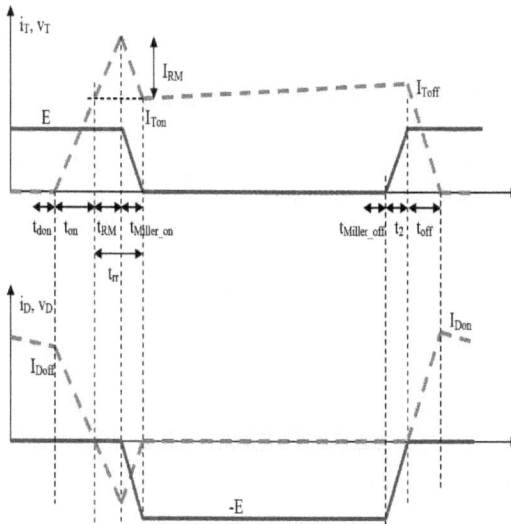

FIGURE 1.8 – Forme d'ondes simplifiées dans le MOS et la diode PIN.

Dans chaque intervalle, nous déterminerons les pertes dans le MOS ainsi que celles dans la diode.

## 1.4  Mise en parallèle de plusieurs cellules de commutation.

Les convertisseurs multicellulaires parallèles ont été imaginés dans le double but de générer une tension de sortie multiniveaux ou un fort courant en sortie à partir des tensions ou des courant en entrées faibles et de réduire les contraintes en tension sur les composants de puissance [MF92]. Plusieurs brevets ont été déposés à ce sujet [MF92].

### 1.4.1  Convertisseur multicellulaire parallèle AC/AC

Dans beaucoup d'applications commerciales et industrielles, comme les alimentations alternatives de puissance à rendement élevé, l'UPS, etc la puissance est distribuée par 3 phases au travers d'un système à 4 bras. Cela permet d'alimenter des charges arbitraires : non équilibrées et/ou équilibrées, linéaires ou non-linéaires. En électronique de puissance, plusieurs méthodes permettent de former le point neutre du réseau triphasé [EWL02].

La plus simple d'entre elles est certainement l'onduleur en pont complet, représenté en figure.1.10. Cet onduleur possède deux cellules de commutation , qui peuvent fonctionner de manière totalement indépendante l'une de l'autre. Un décalage temporel des ordres de commande de ces deux cellules permet de générer les trois niveaux de tension : $-E, 0$ et $+E$.

### 1.4.2  Convertisseur multicellulaire parallèle DC/DC

La mise en parallèle de plusieurs cellules de commutation a donnée naissance au convertisseurs multicellulaires parallèle. L'utilisation de ces convertisseur comme alimentation des microprocesseur appelés module de régulateur de tension ou VRM. En effet, plusieurs travaux de recherche sont menés dans le but d'améliorer les performances des VRMs. La tendance actuelle vers la miniaturisation des circuits électroniques a poussé vers le développement des systèmes sur puce (SoC : System on Chip) contenant plusieurs composants. Ces composants réalisant des fonctions variées, ont besoin de différentes tensions d'alimentation fournies à l'aide de plusieurs convertisseurs DC/DC connectés à l'alimentation du SoC. Actuellement, la plupart des circuits électroniques contiennent des convertisseurs DC/DC utilisant une inductance pour stocker transitoirement l'énergie électrique. l'induc-

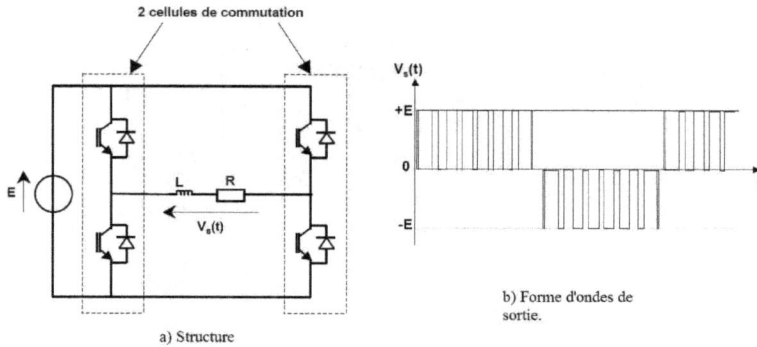

FIGURE 1.9 – Une première approche de structure mutiniveaux : l'onduleur en pont complet.

tance étant un composant passif difficilement intégrable, ces convertisseurs sont connectés à l'extérieur de la puce. Une alternative aux convertisseurs conventionnels est le convertisseur à capacités commutés, qui a l'avantage d'être facilement intégrable sur silicium. Toutefois, il présente des limitations à cause de la dépendance du facteur de conversion avec le nombre de condensateurs. De plus, les pertes inhérentes à la charge et à la décharge des condensateurs font diminuer son rendement. Il est donc intéressant de trouver une nouvelle alternative pour concevoir un convertisseur DC/DC compact et performant afin d'obtenir un circuit électronique complètement intégrable[EWL02].

Des travaux récents ont montré que l'introduction de couplage entre les inductances d'un tel convertisseur polyphasé peut fournir des avantages considérables pour l'alimentation des microprocesseurs. Dans la suite de ce chapitre une étude approfondie sera réalisée sur les VRMs.

## 1.5 VRM Alimentation des microprocesseurs :

### 1.5.1 Évolution des alimentations des microprocesseurs :

En 1965, à peine 6 années après l'invention des circuits intégrés (CI), Gordon Moore a prédit le doublement du nombre de transistors sur un CI chaque année. En 1980, cette vitesse d'évolution de la technologie des CI a été ramenée au doublement du nombre de transistors tous les 18 mois.

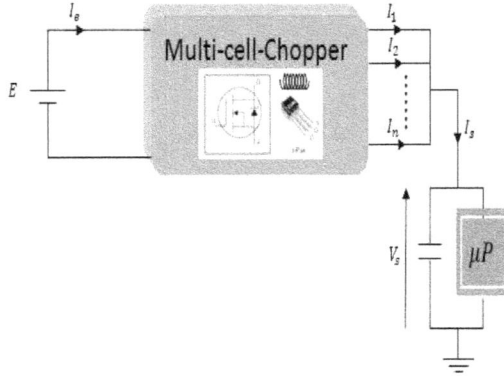

FIGURE 1.10 – VRM : alimentation des microprocesseurs.

Cette prévision de la vitesse d'évolution technologique des CIs est communément connue sous le nom de loi de Moore. Force est de constater que cette loi est respectée depuis environ 40 ans grâce aux innovations technologiques de l'industrie du silicium. Notons que les nanotechnologies vont sans doute permettre à la loi de Moore de continuer à s'appliquer dans les 10 prochaines années. Si nous nous référons à la feuille de route d'Intel, plus d1 milliards de transistors seront intégrés dans chaque microprocesseur dans les prochaines années[EWL02].

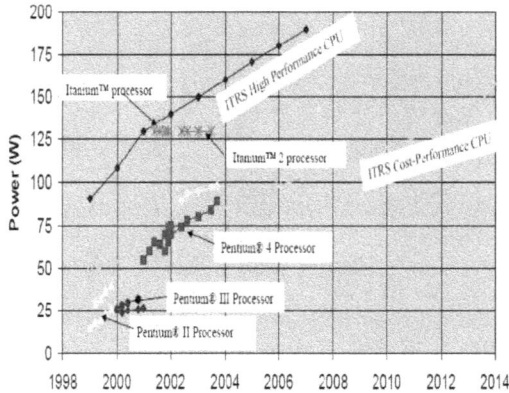

FIGURE 1.11 – Evolution du nombre de transistors dans les $\mu$ Processeurs

Mais l'augmentation de la densité de transistors n'est pas le seul facteur d'amélioration des performances d'un microprocesseur. La fréquence de commutation ou la fréquence d'horloge est également représentative des performances d'un microprocesseur [JP-JHALC98]. L'augmentation de la fréquence de fonctionnement et du nombre de transistors ont eu pour conséquence l'augmentation de la puissance consommée comme montré à la figure.1.12

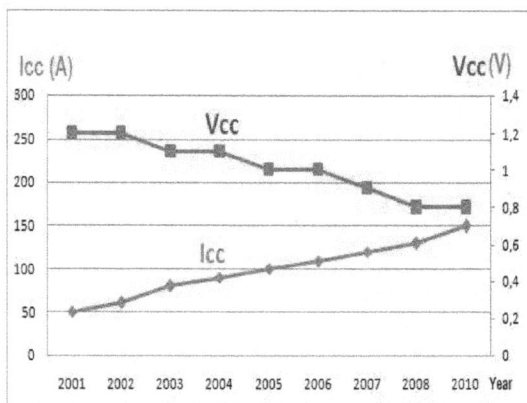

FIGURE 1.12 – Évolution des grandeurs d'entrées des microprocesseurs .

Pour contrecarrer l'augmentation de la puissance consommée et la densité de puissance dissipée par la puce silicium, les tensions d'alimentation des microprocesseurs ont diminué avec l'augmentation du nombre de transistors et de la fréquence de fonctionnement. Bien qu'actuellement ces tensions d'alimentation atteignent 0,7V pour les processeurs les plus performants, la puissance consommée continue à croître. Ainsi, d'ici 2010, les processeurs dissiperont 1kW/cm2. Ceci nous amène progressivement vers des limites physiques qui apparaissent comme des limites technologiques infranchissables et qui réduiront les potentiels d'amélioration des futures générations de processeurs. L'augmentation de la puissance consommée et la réduction de la tension d'alimentation des processeurs s'accompagne d'une forte augmentation des courants absorbés. La figure.1.13 montre la feuille de route en matière d'alimentation des processeurs Intel. Ainsi, des courants supérieurs à 100A deviennent classiques dans ce genre d'applications Les tensions d'alimentation inférieures à 1V pour les processeurs amènent également des problèmes en termes de régulation. La « fenêtre » de régulation de la tension d'alimentation devient de plus en plus étroite de façon à assurer une différentiation correcte d'un 1 et d'un 0 logique. De plus, les fréquences d'horloge très élevées vont de pair avec des appels de courants aux dynamiques très importantes (grands di/dt). Ces appels de courant surviennent lors des changements d'état du microprocesseur comme par exemple lors d'un passage du mode veille à une utilisation à 100vertigineuses de 100A/ns (voir figure.1.12) [JPJHALC98].

## 1.5.2  Différentes topologies des VRM :

Pour les microprocesseurs 386 et 486, une alimentation centralisée unique (silver box) était suffisante pour fournir la puissance à l'ensemble des composants numériques de la carte mère. Quand les processeurs Pentium sont apparus dans les années 1990, l'utilisation l'une alimentation centralisée ne permettait plus de respecter les contraintes d'alimentation de ces microprocesseurs du fait de leurs plus faibles tensions d'alimentations et des fréquences de fonctionnement beaucoup plus élevées. En effet, la distance entre la « silver box » et le microprocesseur devenait trop importante, limitant de ce fait la dynamique des courants pouvant être fournis par l'alimentation. De plus, comme nous l'avons vu précédemment, les tolérances sur les tensions d'alimentations sont devenues de plus en plus étroites au fur et à mesure des évolutions technologiques. Ainsi, une tolérance de 5% sur une tension de 3,3V était requise pour un microprocesseur Pentium II alors que cette tolérance est ramenée à 2 % sur une tension de 1,3V pour un microprocesseur Pentium IV [JPJHALC98].

Carte de commande            Transformateurs Inter-cellules

FIGURE 1.13 – l'architecture actuelle retenue pour l'alimentation des microprocesseurs

La figure.1.14 décrit l'architecture actuelle retenue pour l'alimentation des microprocesseurs et la figure.1.15 montre l'emplacement d'un VR sur une carte mère récente (Notez
le système de refroidissement permettant, entre autre, l'évacuation des pertes générées par
les transistors du VR).

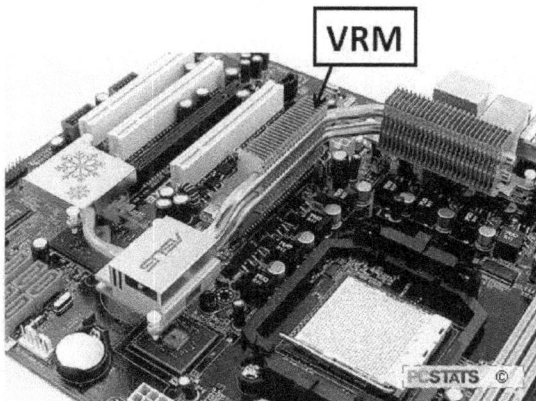

FIGURE 1.14 – Implantation dun VR sur une carte mère

Les architectures d'alimentation des microprocesseurs ont donc évolué et sont désor-
mais constituées par l'association de la traditionnelle « silver box » et d'un régulateur de
tension (VR : Voltage Regulator) placés à proximité du microprocesseur de façon à réduire
les impédances d'interconnexion. Les VRs actuels convertissent une tension continue de
12V fournie par la « silver box » en une tension basse de l'ordre d'un Volt. Ces VRs doivent
posséder de nombreuses qualités comme une dynamique élevée, une bonne régulation de
la tension de sortie, une petite taille et un bon rendement.

### 1.5.2.1   VRM avec une cellule de commutation :

Dans leur version initiale, les VRs qui accompagnaient les microprocesseurs de type
Pentium II étaient réalisés à partir d'un simple convertisseur DC-DC de type Buck. Cependant, cette solution s'est avérée incapable de respecter les contraintes de la génération
suivante, le Pentium III, pour lequel la tension d'alimentation a été réduite pour passer
de 2,8V à 1,5V, le courant absorbé a augmenté de 10A à 30A et la dynamique de courant
est passée de 1A/ns à 8A/ns. La figure.1.17 montre la structure d'un VR utilisé pour
l'alimentation dun microprocesseur de type Pentium III.

FIGURE 1.15 – Un VRM destiné à l'alimentation d'un $\mu$ processeur.

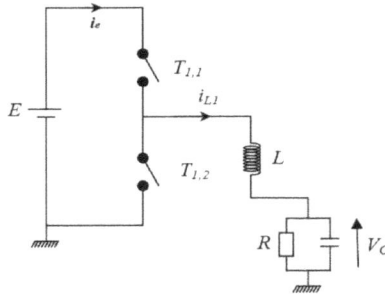

FIGURE 1.16 – VRM avec une cellule de commutation.

### 1.5.2.2   VRM avec plusieurs cellules de commutation :

La solution proposée par les concepteurs de VR a consisté à utiliser des structures de conversion comportant plusieurs phases (classiquement 5) associées en parallèle, fonctionnant à la même fréquence mais avec des commandes décalées de façon régulière les unes par rapport aux autres. Cette technique de commande s'appelle l'entrelacement. La mise en parallèle des convertisseurs permet de limiter la puissance convertie par chaque phase et la technique d'entrelacement permet d'obtenir un effet de réduction de l'ondulation de courant en sortie de convertisseur. Le schéma d'un tel VR est donné à la figure.1.18.

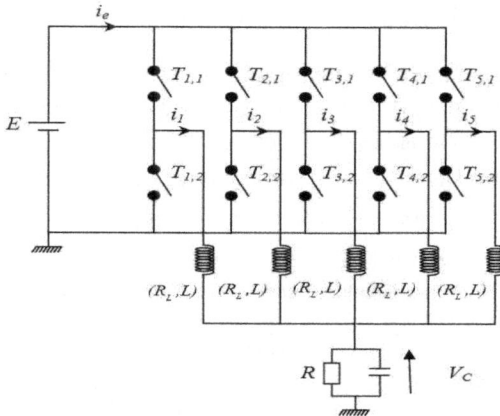

FIGURE 1.17 – VRM avec 5 cellules de commutation.

## 1.6 Problématiques liée à la mise en parallèle de plusieurs cellules de commutation :

La mise en parallèle des cellules de commutation a des avantages considérable pour répondre au besoin en tension et courant de certains produit industriels,. Néanmoins beaucoup de problèmes seront rencontrés pendant l'utilisation des convertisseurs de puissance parallèles, le déséquilibrage des courants de branches et la régulation de la tension de sortie sont parmi les sujets de recherches qui préoccupent une majorité de spécialistes dans la conversion d'énergie.

### 1.6.1 Déséquilibrage des courants de branches :

Le problème dans la mise en parallèle d'un grand nombre de cellules est l'équilibrage des courants dans chaque phase. La moindre imperfection du convertisseur peut conduire à un déséquilibre des courants. Ces imperfections peuvent être liées aux composants actifs (résistances en conduction différentes, seuils de conduction différents), aux composants passifs (différentes résistances des bobinages des inductances) ou aux circuits de commande (les signaux n'ont pas le même rapport cyclique). L'objet de cette étude est l'analyse de déséquilibrage des courants de branches et la synthèse d'une loi de commande dans le but de la résolution de ce type de problème.

### 1.6.2    Régulation de la tension de sortie du VRM :

Les variations de la charge au niveau des microprocesseur provoquent une variation significative de la tension de sortie. En effet cette perturbation peut engendrer des dysfonctionnement dans le traitement des données numériques. La tension d'alimentation des microprocesseurs d'aujourd'hui est en régression, elle va atteindre 0.7 V dans les années qui viennent. Pour remédier à ce dysfonctionnement une boucle de régulation de la tension de sortie devient une nécessite pour les VRM. Une grande partie du travail sera consacrée à la commande du convertisseur multicellulaire parallèle[EWL02], [JPJHALC98].

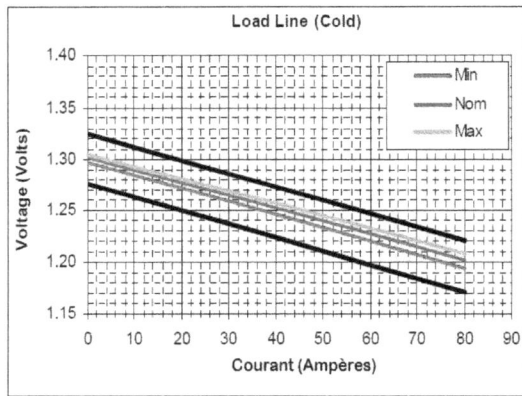

FIGURE 1.18 – VRM avec 5 cellules de commutation.

La Figure Fig1.19 représente les variation de la tension de sortie en fonction de la charge ($\mu P$).

## 1.7 Conclusion :

L'analyse et l'étude sur les convertisseurs DC/DC montre la nécessité de rechercher une approche alternative aux convertisseurs conventionnels. Les convertisseurs utilisant des inductances de liaison présentent des avantages et inconvénients. Très peu de recherches ont été faites sur les convertisseurs DC/DC multi-branches en utilisant des solutions issues de la théorie du contrôle aux problèmes liais aux déséquilibrages des courants de branches. Cette solution pourrait pourtant s'avérer pertinente vis-à-vis de la miniaturisation des convertisseurs DC/DC [ZJL96]. La recherche sur ce sujet est encore balbutiante, mais les études analytiques et les modélisations montrent que ces convertisseurs sont prometteurs et motivent vers la recherche de nouvelles configurations et méthodes de conversion. Les nouvelle méthodes de conversion à base des convertisseurs parallèles doivent garantir un rendement élevé et accomplir une conversion largement flexibles c'est l'objectif de la suite ce livre.

# Chapitre 2

# Analyse d'observabilité du convertisseur et synthèse d'un observateur hybride

## 2.1 Introduction

L'observabilité d'un processus est un concept très important en Automatique. En effet, pour reconstruire l'état et la sortie d'un système, il faut savoir, a priori, si les variables d'état sont observables ou non. En général, pour des raisons de réalisabilité technique, de coût, etc... la dimension du vecteur de sortie est inférieure à celle de l'état. Ceci entraîne qu'à l'instant donné $t$, l'état $x(t)$ ne peut pas être déduit algébriquement de la sortie $y(t)$ à cet instant [KBX10]. Par contre, sous des conditions d'observabilité qui seront explicitées, cet état peut être déduit de la connaissance des entrées et sorties sur un intervalle de temps passé : $u([0, t])$, $y([0, t])$. Le but d'un observateur est de fournir avec une précision garantie une estimation de la valeur courante de l'état en fonction des entrées et sorties passées. Cette estimation devant être obtenue en temps réel, l'observateur revêt usuellement la forme d'un système dynamique. Avant toute synthèse d'observateur, il faut s'assurer que sa conception est possible tant sur le plan théorique que technologique et économique. La notion d'observabilité et certaines propriétés des entrées appliquées au système fournissent des conditions nécessaires à la synthèse d'un observateur. Nous discutons dans cette partie de l'observabilité des systèmes hybrides [BBF06].

Durant les dernières décennies beaucoup de travaux en automatique ont été menés sur la conception d'observateurs.

Kalman-Bucy ont introduit en 1961 une solution pour les systèmes linéaires stochastiques. Leur résultat est connu actuellement par le filtre de Kalman. Ce filtre donne aussi de bons résultats pour les systèmes déterministes. En 1964-1971, Luenberger , ] a fondé la théorie d'un observateur qui porte son nom " Observateurs de Luenberger ". Son idée est d'ajouter au modèle mis sous la forme canonique compagnon (Brunovsky) une correction à l'aide de la mesure fournie par les capteurs. Pour les systèmes non linéaires les ingénieurs utilisent le filtre de Kalman étendu qui malheureusement ne présente pas de bonnes propriétés de convergence. Pour cette raison la conception d'observateurs pour les systèmes non linéaires est un problème où les travaux de recherche restent très intensifs. En 1983 Kerner-Isidori ont fourni des conditions nécessaires et suffisantes pour une linéarisation de l'erreur de l'observation des modèles non linéaires afin de leur appliquer l'observateur de Luenberger. Cependant, leurs résultats ne s'appliquent qu'à une classe réduite de systèmes non linéaires [BBF06].

L'apparition de nouvelles technologie de conversion d'énergie a ouvert un nouveau domaine de recherche pour les automaticiens.

leurs structures multicellulaires ou multi-niveaux sont obtenues en montant en série ou en parallèle des dispositifs de commutations comportant des éléments de stockage passifs et qui sont utilisés pour générer des courants de niveaux intermédiaires . Les lois de commande pour ces dispositifs ont besoin de maintenir les niveaux de tension ou courant stable en régulant la puissance fournie à la charge. Un des principaux avantages du convertisseur multicellulaire est que la qualité spectrale du signal de sortie est améliorée par une haute fréquence de commutation entre les niveaux de tension intermédiaire . L'inconvénient réside dans le fait que le contrôle de convertisseurs multiniveaux est plus complexe. Les algorithmes de commandes employés conduisent à de bons résultats mais nécessitent la mesure de l'état de la variable à réguler . L'utilisation d'observateurs et d'estimateurs paramétriques pour améliorer la robustesse des commandes et réduire le nombre de capteurs est donc vivement souhaitée.

Dans ce chapitre, une analyse d'observabilité pour la classe des systèmes hybrides dynamiques est proposée. Cette analyse est suivie d'une synthèse d'observateur hybride basé sur le principe de mode de glissement d'ordre 2. Cette étude est appliquée sur un convertisseur multicellulaire parallèle à 3 cellules de commutations.

.

## 2.2 Modélisation du convertisseur multicellulaire parallèle DC-DC

La modélisation des convertisseurs DC-DC de puissance est un domaine de recherche très actif. L'augmentation de la complexité des convertisseurs, pour répondre aux besoins industriels, nécessite des modèles mathématiques capables de représenter les comportements statiques et dynamiques. Les modèles dynamiques, ont pour rôle de pouvoir analyser le comportement transitoire des convertisseurs afin de synthétiser les lois de commande nécessaires qui répondent aux cahiers de charges préalablement définis. Par conséquent, les différentes lois de commande potentielles exigent différents modèles pour formuler les problèmes de synthèse. Il est donc nécessaire d'étudier et d'analyser les différentes méthodes pour modéliser un convertisseur. Ce chapitre présente une modélisation basée sur le modèle continu du convertisseur afin d'analyser l'observabilité et la synthèse d'un observateur mode glissant d'ordre 2.

### 2.2.1 Modèle continu

Les modèles continus sont repartis en trois classes : ordre réduit, ordre plein et ordre plein corrigé. Les termes réduit et plein correspondent à l'ordre du système, par exemple, un système de deuxième ordre est réduit en un système du premier ordre en remplaçant une des variables d'état par une constante, mais avec l'addition d'une contrainte sur cette variable : cette spécificité est surtout utilisée pour le mode de conduction DCM. Les modes de fonctionnement des convertisseurs DC-DC peuvent être classifiés en première approximation selon deux modes : « mode de conduction continue (CCM en anglais : Continuous Conduction Mode) » et « mode de conduction discontinue (DCM en anglais : Discontinuous Conduction Mode) ».

La difficulté principale de la modélisation du convertisseur vient de la cellule de commutation, les modèles d'inductances ou d'autres éléments présents dans le convertisseur sont simples à modéliser. En effet pour une inductance un simple modèle RLC série suffit pour une modélisation fiable.

| Modèles à temps continu | | | Modèles à temps discret |
|---|---|---|---|
| **Ordre réduit** | **Ordre plein** | **Ordre plein corrigé** | Linéaire |
| Espace d'état moyenné | Circuit équivalent moyenné | Espace d'état moyenné | Bilinéaire |
| | Espace d'état moyenné | Espace d'état moyenné numérique | Bilinéaire amélioré |
| | Séries de Fourier | | Non linéaire |

FIGURE 2.1 – Classification des modèles analytiques pour les convertisseurs DC-DC.

## 2.2.2  Modélisation du convertisseur

Un convertisseur statique est un système permettant d'adapter la source d'énergie électrique à un récepteur donné. Le convertisseur multicellulaire parallèle est un convertisseur
de puissance permettant d'atteindre un courant de sortie égal à $n$ fois le courant d'entrée
figure.2.2

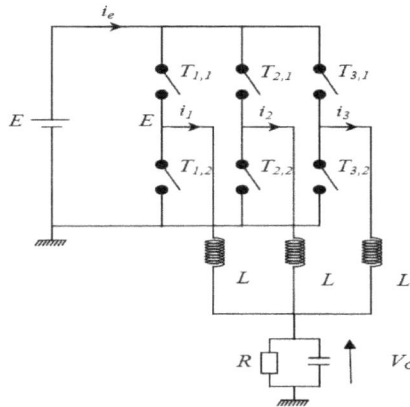

FIGURE 2.2 – Convertisseur multicellulaire parallèle à 3 cellules.

Dépendant du nombre de cellules et d'état des interrupteurs $S$, le multicellulaire parallèle peut être modélisé par le système d'équations suivant :

$$\begin{cases} L\frac{di_1}{dt} = -R_L \, i_1 - v_C + s_1 \, E \\ \qquad \vdots \\ L\frac{di_p}{dt} = -R_L \, i_p - v_C + s_p \, E \\ \\ C\frac{dv_C}{dt} = i_1 + \cdots + i_p - \frac{v_C}{R} \end{cases} \qquad (2.1)$$

avec $p$ le nombre de cellules, $i_k$ , $k = 1, .., p$ le courant circulant dans la $k$ ème branche, $v_C$ la tension de sortie et $s_k$ la $k$ ème commande tel que sa valeur est exprimée par la fonction suivante

$$s_k(t) = \begin{cases} 1, & S \ \ on \\ \\ 0, & S \ \ off \end{cases} \qquad (2.2)$$

Considérant le cas convertisseur à 3 cellules avec des valeurs d'inductances de liaison $L$ et leurs résistances associées $R_L$ identiques, le modèle (1) peut être représenté sous la forme d'état suivante :

$$\dot{x} = f(x, q, t) = A \, x + B(q) \, E \qquad (2.3)$$
$$y = h(x, q, t) = C(q) \, x$$

Avec $x = \left[i_1, i_2, i_3, v_C\right]^T \in \Re^4$ les variables d'état continues, $q = \left[s_1, s_2, s_3\right]^T$ la commande discontinue. La matrice dynamique $A_q$ et les matrices $B(q)$ , $C(q)$ sont définis par :

$$A_q = \begin{bmatrix} \frac{-R_L}{L} & 0 & 0 & \frac{-1}{L} \\ 0 & \frac{-R_L}{L} & 0 & \frac{-1}{L} \\ 0 & 0 & \frac{-R_L}{L} & \frac{-1}{L} \\ \frac{1}{C} & \frac{1}{C} & \frac{1}{C} & \frac{-1}{RC} \end{bmatrix}, \ B(q) = \left[s_1, s_2, s_3, 0\right]^T \ C(q) = \begin{bmatrix} s_1 & s_2 & s_3 & 0 \\ 0 & 0 & 0 & 1 \end{bmatrix}$$

Le convertisseur multicellulaire parallèle se réduit à un système élémentaire de conversion statique d'énergie électrique figure.2.2. Il est qualifié d'hybride puisque formé d'une partie continue (la source E de tension continue et les éléments passifs de modélisation $L$, $R_L$ de la bobine et $R, C$ de la charge ) et la partie discontinue ( les circuits de commutation fonctionnant en tout-ou-rien : interrupteur ouvert ou fermé) [12].

## 2.3 Analyse d'observabilité

Beaucoup de lois de commande non linéaires efficaces nécessitent l'accès aux variables d'état et à certains paramètres du système qui sont souvent inconnus et qui varient dans le temps. Dans le cas des convertisseurs multicellulaires, la charge (considérée résistive dans ces travaux) est le paramètre inconnu le plus important et influant. Dans la plupart des travaux cités précédemment, le vecteur d'état a toujours été censé être mesurable, et la charge connue. Ceci peut être réalisé en quelque sorte pour un circuit prototype, mais sa mise en oeuvre pratique dans les applications réelles est assez compliquée. Par conséquent, plusieurs techniques d'observateurs linéaires et non linéaires ont été proposées [RG06]. Chaque technique non linéaire a sa complexité et son applicabilité sur une famille particulière de modèles non linéaires. Dans cette partie, une analyse d'observabilité hybride du convertisseur sera proposé dans le but de synthétiser un observateur hybride par modes glissants (HSMO) pour estimer ou observer le vecteur d'état exigé par l'expression de la loi de commande[ADB11].

### 2.3.1 Observabilité des systèmes linéaires

L'observabilité est une caractéristique structurelle complémentaire d'une représentation d'état d'un système, ou d'un système en soi même, qui nous indique la capacité pour un système à déterminer l'historique d'un état à partir de la seule connaissance des variables de sortie mesurées.

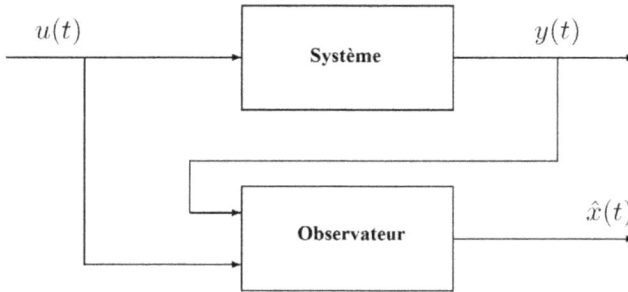

FIGURE 2.3 – Structure générale d'un observateur

**Définition 2.1 :**

Un état $x_i$ est observable en $t_0$ s'il est possible de déterminer $x_i(t_0)$ connaissant

$y(t)/[t_0, t_f]$.

Si cette propriété est vraie $\forall t_0$ et $\forall i = 1, ..., n$ alors le système est complètement observable.

**Remarques :** La notion d'observabilité est cruciale pour les systèmes ou il est impossible de mesurer tout le vecteur d'état, et doit être estime a partir des données fournies par la sortie.

**Critère D'observabilité (Kalman) :** La notion d'observabilité et fait intervenir la matrice dynamique $A$ et la matrice de sortie $C$. Un système LTI représenté par l'équation dynamique d'état, et de mesure

$$\dot{x} = f(x, t) = Ax + BE \tag{2.4}$$
$$y = h(x, t) = Cx$$

Où $A \in R^{n.n}$, $C \in R^{r.n}$ est observable si et seulement si la matrice d'observabilité, $O$ est de rang $n$ :

$$rang(O) = rang \left( \begin{bmatrix} C \\ ... \\ CA \\ ... \\ \vdots \\ ... \\ CA^{n-1} \end{bmatrix} \right) = n, \tag{2.5}$$

L'observabilité du système (2.4) est garantie si le rang de la matrice d'observabilité $O$ est égal à $n$ [Kalm ]. OReilly [ORei ] a présenté un deuxième critère ; le système (1.47) est complètement observable si :

$$rang(O) = rang \left( \begin{array}{c} sI - A \\ C \end{array} \right) = n, \tag{2.6}$$

pour tout $s$ complexe. Si un système linéaire est complètement observable, il est globalement observable, c'est-à-dire que toutes les composantes du vecteur d'état du système sont observables, et donc peuvent être reconstruites par un observateur. Si le système est non linéaire, nous devons distinguer l'observabilité globale de l'observabilité locale.

### 2.3.2 Observabilité des systèmes non linéaires

Soit le système représenté sous sa forme nonlinéaire suivante :

$$\dot{x}(t) = f(x(t), u(t)) \; avec \; x \in X \; et u \in U \tag{2.7}$$
$$y(t) = h(x(t)), \; y(t) \; \in \; R^p$$

Un système non linéaire de la forme (2.7) est dit observable pour toute entrée ou encore uniformément observable si, tout entrée $u$ rend le système observable sur tout intervalle $[0, T]$. Pour certaines classes de système uniformément observable, il existe des transformations qui les modifient pour les mettre sous des formes (souvent 'a caractère triangulaires) dite formes canoniques ou formes normales. Le premier résultat a été donné dans le cas mono-sortie dans ([GB81]). Une preuve plus simple a été donnée dans ([GHO92]), où les auteurs donnent un observateur à grand gain basé sur cette forme canonique. Plusieurs extensions de ce résultats ont été données dans le cas multi-sortie, comme par exemple ([GK94] et [HF03]).

#### 2.3.2.1 Observabilité au sens du rang

Rappelons qu'un champ de vecteurs $f$ peut être interprété selon les besoins de deux manières : (1) Comme une application qui à tout point $x$ assigne un vecteur $f(x)$. Dans ce cas on l'écrit dans la base canonique sous la forme suivante :

$$f(x) = \begin{pmatrix} f_1(x) \\ f_2(x) \\ ... \\ f_n(x) \end{pmatrix}, \tag{2.8}$$

On dit que les $f_i$ sont ses composantes. Sous cette forme on dit aussi qu'il régit un système d'équations différentielles (une dynamique) dont les courbes tangentes $x(t)$ vérifient :

$$\dot{x}(t) = f(x(t)) \tag{2.9}$$

On dit que $x(t)$ est une courbe intégrale de $f$. Comme une dérivation qu'il faudra écrire sous la forme suivante :

$$f = f_1 \frac{\partial}{\partial x_1} + f_2 \frac{\partial}{\partial x_1} + ... + f_n \frac{\partial}{\partial x_n} \tag{2.10}$$

sous cette forme il sapplique à une fonction réelle h(x) comme suit :

$$L_f h = f_1 \frac{\partial h}{\partial x_1} + f_2 \frac{\partial h}{\partial x_1} + ... + f_n \frac{\partial h}{\partial x_n} \tag{2.11}$$

Cette nouvelle fonction $L_f h$ s'appelle la dérivée de Lie de $h$ dans la direction de $f$. Si $f = \frac{\partial}{\partial x_i}$, alors $L_f h = \frac{\partial h}{\partial x_i}$ et on reconnaît les dérivations partielles.

**Définition 2.2 :**

Considérons le système dynamique de la forme (2.7). On dit que la paire $(f, h)$ est observable au sens du rang si la différentielle de la sortie $h$ avec les différentielles de ses dérivées de Lie successives dans la directions de $f$ jusqu'à l'ordre $n1$ sont indépendante (sur un voisinage de 0). C'est-à-dire que :

$$Rang\{dh, dLfh, ..., dL_f^{n1}h\} = n. \tag{2.12}$$

où l'écriture de $dL_f^k h$ ici est donnée par le co-vecteur :

$$dL_f^k h = (\frac{\partial L_f^k h}{\partial x_1} + \frac{\partial L_f^k h}{\partial x_1} + ... + \frac{\partial L_f^k h}{\partial x_n}) \tag{2.13}$$

On remarque que $L_f^k h = y(k)$ est la dérivée$k$ième de la sortie $y$. Donc, sous la condition du rang (2.12) ci-dessus l'application :

$$
\begin{pmatrix} y \\ \dot{y} \\ ... \\ y^{n-1} \end{pmatrix} = \begin{pmatrix} h(x) \\ L_f h(x) \\ ... \\ L_f^{(n-1)} h(x) \end{pmatrix} = \psi^{-1}(x), \tag{2.14}
$$

C'est-à-dire l'état $x$ s'écrit (localement) en fonction de la sortie $y$ est de ses dérivés successives. On peut prendre cette dernière propriété comme définition d'un système observable :

$$
x = \psi(y, \dot{y}, ..., y^{n-1}) \tag{2.15}
$$

### 2.3.3   Observabilité des Systèmes Dynamiques Hybrides (SDH)

De manière générale, un système continu se caractérise par une évolution continue de ses états en fonction du temps. Les variables d'état de ces systèmes peuvent donc prendre un nombre infini de valeurs, qui évoluent dans un espace mathématique continu. Les modèles les plus couramment utilisés pour ces systèmes sont les représentations d'états qui donnent un équivalent mathématique de l'évolution du système sous forme d'équations différentielles et algébriques et les fonctions de transfert pour les systèmes linéaires. Un système à événements discrets possède pour sa part un nombre fini d'états, chacun représentant un mode ou une phase de fonctionnement distincte du procédé. C'est pourquoi l'espace mathématique dans lequel se trouvent ces états est discret. L'évolution de ces systèmes se traduit par une suite ordonnée d'événements ou séquence d'événements qui génèrent le passage d'un état à un autre. L'évolution de ces systèmes peut donc également s'exprimer en terme de séquence d'états rencontrés. La durée de séjour dans chacun de ces états n'est pas systématiquement connue et donc, le temps n'apparaît pas comme la valeur de référence, comme pour les systèmes continus. Les modèles les plus communément utilisés sont les réseaux de Petri, les automates à états finis ou encore le grafcet. Le nombre d'états étant fini, ces modèles proposent une représentation graphique ou mathématique de chacun d'eux. Ces dernières années des travaux de recherche sont mené dans le but de proposer des modèles et lois de commande spécifiques à ce type de systèmes qui présentent des discontinuités au niveaux de ses états. Comme tous systèmes continus les lois de commandes nécessitent une connaissance des mesures états du système en utilisant des capteurs dans le cas ou l'état et mesurable. Pour réduire le nombre de capteurs les chercheurs ont pensé à synthétiser des observateurs pour estimer les variables d'états. Néanmoins l'analyse d'observabilité du système reste une étape importante avant la synthèse d'un observateur, cette analyse est spécifique pour les systèmes hybrides dynamiques. Cependant la preuve de convergence est généralement omise ou impossible à établir en raison de la non linéarité du système de contrôle et de la dépendance de la propriété d'observabilité vis à vis de l'entrée [13]. On peut également citer des approches plus récentes par modes glissants [14] et les approches algébriques dédiées à l'observation des systèmes hybrides [15].

### 2.3.3.1   $Z(T_N)$-Observabilité

Dans cette section une nouvelle approche d'analyse d'observabilité des systèmes hybride, appelée $Z(T_N)$-Observabilité, sera présentée. Cette analyse est appliqué sur les convertisseur multicellulaire série qui est un cas particulier des systèmes hybrides. Les variables non observables restent constantes est l'une des conditions essentielle pour l'application de la $Z(T_N)$-observabilité. Les valeurs des tensions flottantes dans un convertisseur multicellulaire série reste constantes pendant des intervalles du temps ou ils ne sont pas observables. Pour les convertisseur parallèle cette condition n'est pas vérifiée si on l'en veut observer les courants de bronche. Pour remédier à ce problème on a proposé une nouvelle approche pour cette classe de système. Cette approche utilise le fait que le convertisseur appartient à une classe particulière des systèmes à commutations (HDS).

### a) Cas convertisseur multicellulaire série :

Considérons la classe des systèmes hybrides suivante :

$$\begin{aligned} \dot{\xi} &= f_q(t,\xi,u), \quad q \in Q, \, \xi \in \Re^n, \, u \in \Re^m \\ y &= h_q(t,\xi,u) \end{aligned} \tag{2.16}$$

Avec $Q$ est un ensemble fini , $f_q \, \Re \times \Re^n \times \Re^m \to \Re^n$ est affine, tous appartiennent à des intervalles de temps, $[t_{i,0}, t_{i,1}]$, entre deux commutations de la structure (i.e. changement de l'état $q$ ) satisfait $(t_{i,1} - t_{i,0}) > \tau_{min}$ pour $\tau_{min} > 0$ cette hypothèse exclut Phénomènes de Zénon [7] ). Pour l'entrée $u$ dans un intervalle de temps $[t_{i,0}, t_{i,1}[ \subseteq [t_{ini}, t_{end}[$,nous supposons que $u(t)$ est bornée et suffisamment lisse.

Pour les systèmes hybrides dynamique à commutation , le concept d'observabilité et la synthèse d'observateurs sont fortement liées à la durée de commutation et la séquence $q$, il est donc important de rappeler la définition de la trajectoire de temps hybride :

**Definition 2.3 :** ([8] et [9]). Une trajectoire de temps hybride est une suite finie ou infinie de intervalles de temps $T_N = \{I_i\}_{i=0}^{N}$, tel que

- $I_i = [t_{i,0}, t_{i,1}[$, pour $0 \leq i < N$ ;
- For all $i < N$ $t_{i,1} = t_{i+1,0}$
- $t_{0,0} = t_{ini}$ et $t_{N,1} = t_{end}$

De plus, $\langle T_N \rangle$ la liste ordonnée dde $q$ associées à $T_N$ (i.e. $\{q_0, ..., q_N\}$ avec $q_i$ est la valeurs de $q$ durant l'intervalle de temps $I_I$).

**NB** En électronique de puissance, pour des contraintes technologiques, toutes les trajectoires en temps hybrides $T_N$ and $< T_N >$ satisfont $\tau_{min} > 0$.

**Definition 2.4 :** Considérant le système (2.16) et la variable $z = Z(t, \xi, u)$. Soit $(t, \xi^1(t), u^1(t))$ une trajectoire dans $U$ associée à l'intervalle de temps $T_N$ et $\langle T_N \rangle$. Supposons pour toutes trajectoire, $(t, \xi^2(t), u^2(t))$, dans $U$ associée à $T_N$ et $\langle T_N \rangle$, l'égalité

$$h(t, \xi^1(t), u^1(t)) = h(t, \xi^2(t), u^2(t)), \quad \text{a.e. dans } [t_{ini}, t_{end}]$$

implique

$$Z(t, \xi^1(t), u^1(t)) = Z(t, \xi^2(t), u^2(t)), \text{ a.e. dans } [t_{ini}, t_{end}]$$

On dit alors que t $z = Z(t, \xi, u)$ et $Z(T_N)$-observable au long de la trajectoire $(t, \xi^1(t), u^1(t))$.

Pour une trajectoire de temps hybride fixe $T_N$ et $\langle T_N \rangle$, si $z = Z(t, \xi, u)$ et $Z(T_N)$-observable au long de la trajectoire dans $U$, alors, $z = Z(t, \xi, u)$ est dite $Z(T_N)$-observable dans $U$.

Supposons pour toute trajectoire $(t, \xi(t), u(t))$ dans $U$, il existe toujours un ensemble ouvert $U_1 \subset U$ pour que $(t, \xi(t), u(t))$ sera dans l'ensemble $U_1$ et $Z(t, \xi, u)$ est $Z(T_N)$-observable dans $U_1$. Alors, $z = Z(t, \xi, u)$ est dite localement $Z(T_N)$-observable.

La dimension de du vecteur $z$ est noté par $n_z$. La projection linéaire $P$ est définie par :

$$P : \begin{bmatrix} z_1 \\ \vdots \\ z_{n_z} \end{bmatrix} \rightarrow \begin{bmatrix} \delta_1 & 0 & 0 & \cdots & 0 \\ 0 & \delta_2 & 0 & \cdots & 0 \\ . & . & . & . & . \\ 0 & 0 & 0 & \cdots & \delta_{n_z} \end{bmatrix} \begin{bmatrix} z_1 \\ \vdots \\ z_{n_z} \end{bmatrix} \qquad (2.17)$$

Avec $\delta_i$, $i = 1, 2, \cdots, n_z$, est 0 ou 1. La matrice complémentaire de la projection $P$ est notée $\bar{P}$ (Projection des variables de $z$ éliminées par $P$).

**Proposition 1** Considérons le système (2.16) et la trajectoire hybride fixe $T_N$ et $\langle T_N \rangle$. Soit $U$ un ensemble ouvert dans l'espace de temps du contrôle. Supposons que $Z(t, x(t), u(t)) \in \Re^{n_z}$ est toujours continu sous n'importe quelle commande en entrée. Supposons qu'il existe une séquence des projections $P_i$, $i = 0, 1, \cdots, N$, tel que

(1) Pour tous $0 \leq i \leq N$, $P_i Z(t, \xi, u)$ is $Z$-observable dans $U$ et l'intervalle de temps $t \in [t_{i,0}, t_{i,1}[$ ;

(2) $Rang[P_0^T \ \cdots \ P_N^T] = dim(Z) = n_z$ ;

(3) $\frac{d\bar{P}_i Z(t, \xi(t), u(t))}{dt} = 0$ for $t \in [t_{i,0}, t_{i,1}[$ et $(t, \xi(t), u(t)) \in U$.

Alors le système (2.16), $z = Z(t, \xi, u)$ est $Z(T_N)$- observable dans $U$ par rapport à la trajectoire de temps hybride $T_N$ et $\langle T_N \rangle$.

**Remarque 2.1 :**Cette proposition est utilisée pour étudier le convertisseur multicellulaire série.

**a) Cas convertisseur multicellulaire parallèle :**

Dans cette section on s'intéresse à une classe de système dynamiques hybrides qui modélisent le convertisseur multicellulaire parallèle. L'analyse de l'observabilité de ce système est proche de celle du convertisseur série, la seul différence réside dans la troisième conditions sur les variables non observable dans un intervalle de temps $T_N$. Cette condition est remplacée par deux conditions, dans la suite l'approche est bien détaillée.

Maintenant, dans le but d'étudier le cas du convertisseur multicellulaire parallèle considérons le système suivant :

$$
\begin{aligned}
\dot{X} &= A_q X + B_q u, \quad q \in Q,\ X \in \Re^n,\ u \in \Re^m \\
y &= C_q X
\end{aligned}
\tag{2.18}
$$

Avec $A_q$ matrice d'état, $B_q$ matrice d'entrée et $C_q$ matrice de sortie.

**Proposition 2** Considérons le système (2.18) et la trajectoire hybride fixe $T_N$ et$\langle T_N \rangle$.
Soit $U$ un ensemble ouvert dans l'espace de temps du contrôle. Supposons que $Z(t, x(t), u(t)) \in$
$\Re^{n_z}$ est toujours continu sous n'importe quelle commande en entrée. Supposons qu'il existe
une séquence des projections $P_i$, $i = 0, 1, \cdots, N$, tel que

(1) Pour tous $0 \leq i \leq N$, $P_i Z(t, \xi, u)$ est $Z$-observable dans $U$ et l'intervalle de temps
$t \in [t_{i,0}, t_{i,1}[$ ;

(2) $Rang[P_0^T \quad \ldots \quad P_N^T] = dim(Z) = n_z$ ;

(3) $V(Z) = V(P_i Z) + V(\bar{P}_i Z)$ ;

(4) $\dot{V}(\bar{P}_i Z) = \frac{\partial V(.)}{\partial Z}|_{\bar{P}_i Z} \bar{P}_i A_i \bar{P}_i Z < 0$ avec $\bar{P}_I Z \neq 0$ ,$t \in [t_{i,0}, t_{i,1}[$ et $(t, X(t), u(t)) \in U$.

Alors, $z = Z(t, X, u)$ est $Z(T_N)$-observable dans $U$ par rapport à la trajectoire de
temps hybride $T_N$ et $\langle T_N \rangle$.

**Preuve** D'après la condition (1) en utilisant par exemple un observateur temps fini
basé sur l'algorithme Super Twisting [3] , ils existent $t_{i,c}(t_{i,0} \leq t_{i,c} \leq t_{i,0} + k_i(t_{i,1} - t_{i,0})$ où
$k_i \in [0, 1[$ sera défini plus tard) telle que

$$
P_i e = e_{p_i} = 0 \qquad \forall t \in [t_{i,1}, t_{i,c}]
$$

$e_{P_i}$ est l'erreur d'observation de sous système observable durant l'intervalle de temps $T_i$,
de la même façon $e_{\bar{P}_i}$ dénote l'erreur d'estimation d sous système non observable durant l'intervalle de temps $T_i$. Le choix de sous système non observable (i.e. $span\{\bar{P}_i\}$) un
estimateur en premier sous la forme

$$
\bar{P}_i \dot{\hat{Z}} = \bar{P}_i A_i (\bar{P}_i \hat{Z} + P_i \hat{Z}(t_{i,0})) + \bar{P}_i B_i u
\tag{2.19}
$$

et ça pour $t \in ]t_{i,c}, t_{i,0}]$. Et deuxièmement pour $t \in ]t_{i,1}, t_{i,c}]$ l'estimateur devient

$$\bar{P}_i \dot{\hat{Z}} = \bar{P}_i A_i (\bar{P}_i \hat{Z} + P_i Z) + \bar{P}_i B_i u \qquad (2.20)$$

il est possible d'utiliser (2.20) après $t_{i,c}$ car l'erreur converge en un temps fini, conséquence $P_i Z$ et parfaitement connue.

A partir des équations (2.19) and (2.20) et les conditions (3) et (4) les variations de $V$ durant l'intervalle de temps $I_i$ sont :

$$\Delta V = V(e(t_{i,1})) - V(e(t_{i,0}))$$
$$= \int_{t_{i,0}}^{t_{i,1}} \frac{\partial V(.)}{\partial e} \Big|_{e_{\bar{P}_i}} \bar{P}_i A_i e_{\bar{P}_i} dt$$

$$+ \int_{t_{i,0}}^{t_{i,0}+k_i(t_{i,1}-t_{i,0})} \frac{\partial V(.)}{\partial e} \Big|_{e_{\bar{P}_i}} \bar{P}_i A_i P_i (Z - \hat{Z}(t_{i,0})) dt$$
$$- V(e_{\bar{P}_i}(t_{i,0}))$$

Il est toujours possible par intégration continue $\forall l \in ]1, +\infty]$ pour trouver $k_i$ tel que

$$\int_{t_{i,0}}^{t_{i,0}+k_i(t_{i,1}-t_{i,0})} \frac{\partial V(.)}{\partial e} \Big|_{e_{\bar{P}_i}} \bar{P}_i A_i P_i (Z - \hat{Z}(t_{i,0})) dt$$
$$- V(e_{\bar{P}_i}(t_{i,0})) \leq \frac{V(e_{\bar{P}_i}(t_{i,0}))}{l}$$

Il est aussi important de noter si $V(e_{\bar{P}_i}(t_{i,0})) = 0$, alors $k_i = 0$ et ça correspond au cas ou l'observateur à temps fini est initialisé avec des valeurs initiales de variables à observer. Ce choix $k_i$ implique que , pour tout intervalle de temps $T_i$, la variation de $V$ vérifie

$$\Delta V \leq -\frac{V(e_{\bar{P}_i}(t_{i,0}))}{l} - \int_{t_{i,0}}^{t_{i,1}} \frac{\partial V(.)}{\partial e} \Big|_{e_{\bar{P}_i}} \bar{P}_i A_i e_{\bar{P}_i} dt$$

et d'après la condition (4) et la linéarite de (5) il existe le même $\lambda > 0$ pour tout $i$ tel que

$$\Delta V \leq -\frac{V(e_{\bar{P}_i}(t_{i,0}))}{l} - (e^{\lambda(t_{i,1}-t_{i,0})} - 1)V(e_{\bar{P}_i}(t_{i,1}))$$

Avec $V(e(t_{i,1})) = V(e_{\bar{P}_i}(t_{i,1}))$ et $V(e_{\bar{P}_i}(t_{i,1})) = 0$. La condition (2) implique que pour tout partie des états de systèmes, il existe au moins un intervalle de temps $I_i$ où cette partie de vecteur d'état est observable, après considération de l'intervalle de temps de $t_{0,0}$ à $t_{N,1}$ les variations de $V$ vérifient

$$-V(e(t_{0,0})) \leq \lambda V \leq -\frac{V(e(t_{0,0}))}{l}$$

En conséquence

$$0 \leq V(e(t_{N,1})) \leq V(t_{N,1}) \leq \frac{1-l}{l}V(e(t_{0,0}))$$

Comme $l$ peut être choisi arbitrairement proche de 1 le système est $Z(T_N)$-observable.

**Application de la proposition 2 au CMP :**

L'application de la proposition 2 au convertisseur multicellulaire a donné les résultats

suivants :

Considérons le système (1) (voir figure.2.2). Supposons que l'on peut mesurer le courant

d'entrée $i_e = \sum_{i=1}^{3} s_i x_i$. Les variables d'états de convertisseur multicellulaire parallèle sont

non observable pour n'importe quelle trajectoire de temps. Le problème est de trouver des

trajectoires particulières hybrides $T_N$ et $\langle T_N \rangle$ tel que le système est $Z(T_N)$-observable avec

$Z = [x_1, x_2, x_3]$. Il est possible de vérifier que $Z = [x_1, x_2, x_3]$ n'est pas $Z(T_N)$-observable

dans toutes les trajectoires hybrides de temps sous les états des interrupteurs $q_1(1,1,1)$,

$q_2(1,1,0)$, $q_3(1,0,1)$ et $q_4(0,1,1)$.

Toutefois, si une trajectoire du système satisfit dans le cas (1,0,0) pour la période de

temps $I_1$ , (0,1,0) pour la période $I_2$ et (0,0,1) pour $I_3$ , alors $Z = [x_1, x_2, x_3]$ est $Z(T_N)$-

observable. Pour démonter la $Z(T_N)$-observable on définie dans $I_1$ $P_1 = [1\ 0\ 0]$, dans $I_2$ et

$I_3$ respectivement $P_2 = [0\ 1\ 0]$ ,$P_3 = [0\ 1\ 0]$.

$$Rank \begin{bmatrix} P_1 \\ P_2 \\ P_3 \end{bmatrix} = n_z = 3,$$

Ces trois projections satisfont la condition 2 de la proposition .

Définissons la fonction de lyapnov comme suit :

$$V(X) = \sum_{i=1}^{p} x_i^2(t)$$

On peut vérifier que cette fonction $V(x)$ vérifie bien la condition 3 de la proposition 2.

$$V(Z) = V(P_i Z) + V(\bar{P}_i Z) \,;$$

Pour chercher si la fonction de Lyapunov vérifie la condition (4) de la préposition 2 il se fait de calculer sa première dérivée.

$$\dot{V}(\bar{P}_i) = -\frac{1}{2} \sum_{k \neq i}^{3} (\frac{R}{L} x_k^2 + \frac{1}{L} x_k v_C) \leq 0 \,;$$

On remarque bien que la fonction $V(x)$ converge vers 0.

## 2.4 Synthèse d'observateurs

Un observateur d'état déterministe a été introduit dans les années soixante par Luenberger [ ] pour les systèmes linéaires continus. Kalman [] a également formulé un observateur en considérant un système linéaire déterministe ou sto- chastique. Dans le cas de l'observateur de Luenberger ou de Kalman, il suffit de choisir $L$ telle que la matrice $(ALC)$ soit une matrice de Hurwitz, c'est-à-dire telle que ses valeurs propres soient toutes à parties réelles strictement négatives dans le cas continu ou possèdent un module strictement inférieur à 1 dans le cas discret.

Concernant la synthèse d'observateurs pour les systèmes linéaires à commuta- tion en temps continus, la majorité des travaux ne tient pas compte de la partie discrète. En supposant que le sous-système actif est connu à chaque instant, la synthèse d'observateurs s'en trouve grandement simplifiée. Dans le cas où l'état discret q(t) ne serait pas disponible, l'observateur du système à commutation est un système à commutation lui-même : sa mission revient à identifier l'état discret $\hat{q}(t)$ en cours d'évolution et à calculer une estimation du vecteur d'état continu $\hat{x}(t)$ pour l'emplacement de l'état discret $q(t)$ courant et l'état continu $x(t)$ du système. Il s'agit donc de fournir une estimation du vecteur d'état $(x(t), q(t))$ [FLD06-1]. Dans cette partie de travail on a proposé un observateur hybride, il est caractérisé par deux mode de fonctionnement. Le premier mode est l'observation des état de système à base d'un observateur mode glissant d'ordre 2, et le deuxième mode est l'estimation des variable d'états non observables en connaissant leurs dynamique à partir de la $Z(T_N)$-observabilité.

### 2.4.0.2   Observateur mode glissant et Algorithme du twisting

Observateur classique par modes glissants :

Le principe des observateurs à modes glissants consiste à contraindre, à l'aide de fonctions discontinues, les dynamiques d'un système d'ordre $n$ à converger vers une variété $s$ de dimension $(n-p)$ dite surface de glissement (étant la dimension du vecteur de mesure). L'attractivité de cette surface est assurée par des conditions appelées conditions de glissement. Si ces conditions sont vérifiées, le système converge vers la surface de glissement et y évolue selon une dynamique d'ordre $(n-p)$ [FLD06-1].

Dans le cas des observateurs à modes glissants, les dynamiques concernées sont celles des erreurs d'observation ($\tilde{x} = \hat{x} - x$). A partir de leurs valeurs initiales $\tilde{x}(0)$, ces erreurs convergent vers les valeurs d'équilibre en 2 étapes :

Dans une première phase, la trajectoire des erreurs d'observation évolue vers la surface de glissement sur laquelle les erreurs entre la sortie de l'observateur et la sortie du système réel (les mesures) : ($\tilde{y} = \hat{y} - y$), sont nulles. Cette étape, qui généralement est très dynamique, est appelée mode d'atteinte (ou reaching mode).

Dans la seconde phase, la trajectoire des erreurs d'observation glisse sur la surface de glissement, définie par ($\tilde{y} = 0$ , avec des dynamiques imposées de manière à annuler le reste de l'erreur d'observation. Ce dernier mode est appelé mode de glissement (ou sliding mode) [FLD06-1].

Pour les systèmes non linéaires de la forme suivante

$$\begin{cases} \dot{x}(t) = f(x(t), u(t), t) \\ y = h(x) \end{cases} \qquad (2.21)$$

Une structure d'observateur par modes glissants s'écrit :

$$\begin{cases} \dot{\hat{x}}(t) = \hat{f}(\hat{x}(t), u(t), t) + \quad sign(y - \hat{y}) \\ \hat{y} = \hat{h}(\hat{x}) \end{cases} \qquad (2.22)$$

c'est une copie du modèle, à laquelle on ajoute un terme correcteur, qui assure la convergence de $\hat{x}$ vers $x$. La surface de glissement dans ce cas est donnée par [FLD06-1] :

$$s(x) = y - \hat{x} \qquad (2.23)$$

Le terme de correction utilisé est proportionnel à la fonction discontinue signe appliquée à l'erreur de sortie où $sign(x)$ est définie par :

$$sign(x) = \begin{cases} 1, & si \;\; x > 0 \\ -1, & si \;\; x < 0 \end{cases} \qquad (2.24)$$

L'étude de stabilité et de convergence pour de tels observateurs, est basée sur l'utilisation des fonctions de Lyapunov.

Observateur par modes glissants d'ordre supérieur

Ces observateurs sont basés sur la technique des modes glissants d'ordre supérieur [FLD06-1] permettant d'éliminer le phénomène de réticence sur les états observés, tout en gardant les bonnes propriétés de robustesse des observateurs par modes glissants présenté ci-dessus. Pour des raisons de clarté nous présentons l'observateur d'ordre deux. Ce dernier est inspiré de l'algorithme du twisting échantillonné pour la commande et est donné par [FLD06-1], [FLD06-2] :

$$\begin{cases} \dot{\hat{x}}_{1i}(t) = \hat{x}_{2i}(t) + \chi_{1i} \\ \dot{\hat{x}}_{2i}(t) = \hat{f}_i(x_1, \bar{x}_2, \tau) + K_{2i} sign(\bar{x}_2 - \hat{x}_2) \end{cases} \qquad (2.25)$$

avec :

$$\chi_{1i} = \begin{cases} 0 \; pour \; \tilde{x}_{1i}(k\delta)\tilde{x}_{1i}((k-1)\delta) \leq 0 \; ou \\ \Delta_{1i}(k\delta)\Delta_{1i}((k-1)\delta) \leq 0 \\ \dot{\hat{x}}_{1i}(t) = \hat{x}_{2i}(t) + \chi_{1i} \\ \dot{\hat{x}}_{2i}(t) = \hat{f}_i(x_1, \bar{x}_2, \tau) + K_{2i} sign(\bar{x}_2 - \hat{x}_2) \end{cases} \qquad (2.26)$$

Où : $\Delta_{1i}(k\delta) = \tilde{x}_{1i}(k\delta) - \tilde{x}_{1i}((k-1)\delta)$ et $\delta$ est la période d'échantillonnage des mesures. $\tilde{x}_{1i} = x_{1i} - \hat{x}_{1i}$ représente l'erreur d'observation.

Nous utilisons ici l'algorithme proposé par Levant [FLD06-2] pour générer des modes glissants d'ordre quelconque. Dans notre cas, l'ordre de l'observateur est pris égal à 2 [FLD06-2] :

$$\begin{cases} \dot{\hat{x}}_{1i}(t) = \hat{x}_{2i}(t) + \chi_{1i} \\ \dot{\hat{x}}_{2i}(t) = \hat{f}_i(x_1, \tilde{x}_2, \tau) + K_{2i} sign(\tilde{x}_2 - \hat{x}_2) \end{cases} \tag{2.27}$$

L'algorithme de twisting a été présenté dans [Emelyanov , Levant ]. La convergence en temps fini vers l'origine du plan de phase $(s; \dot{s})$ est obtenue à l'aide de la commutation de l'amplitude de la commande entre deux valeurs, de manière que l'abscisse et l'ordonnée soient croisées de plus en plus près de l'origine. Pour un système de degré relatif un, la variable $u$ est considérée comme une variable d'état, alors que sa dérivée $\dot{u}$ est la nouvelle commande. En effet, considérons le système à commander, décrit comme suit :

$$\dot{x}(t) = f(x(t), u(t), t) \tag{2.28}$$

où $f(x(t), ut), t)$ ; est un vecteur de fonctions suffisamment dérivable.
L'algorithme du twisting est défini alors de la manière suivante :

Soit le système (2.21) et la surface de contrainte s = 0 ; l'algorithme de commande est donné par

$$O(\textstyle\sum) \begin{cases} \dot{\hat{x}}_{1i}(t) = \hat{x}_{2i}(t) + z_{1i} \\ \dot{\hat{x}}_{2i}(t) = \hat{f}_i(x_1, \tilde{x}_2) + z_{i1} \end{cases} \tag{2.29}$$

$\hat{x}_{1i}$ et $\hat{x}_{2i}$ sont respectivement l'estimation de $x_{1i}$ et $x_{2i}$. $z_{1i}$ et $z_{2i}$ sont calculés par l'algorithme de $super - twisting$ comme suit [Levant] :

$$\begin{cases} z_{1i}(t) = -\alpha_i \mid \hat{x}_{1i} - x_{1i} \mid^{\frac{1}{2}} sign(\hat{x}_{1i} - x_{1i}) \\ z_{2i}(t) = -\beta sign(\hat{x}_{1i} - x_{1i}) \end{cases} \quad (2.30)$$

### 2.4.1 Synthèse d'observateur pour les courants de branches

Dans cette section un nouveau type d'observateur a été présenté, cette observateur est caractérisé par son modèle hybride. Étant donné que le système étudié est Hybride, on a pensé à synthétiser un observateur qui se reconfigure en fonction des états des interrupteurs du convertisseur. La première partie de l'observateur est simplement un observateur à base d'un algorithme $super - twisting$, son erreur d'observation est la différence entre le courant $i_j$ et son estimation $\hat{i}_j$. Le système change de configuration en fonction des états des interrupteurs de commutation, c'est pour cette propriété que nous avons pensé à intégrer une deuxième partie. Cette deuxième partie de l'observateur est un estimateur des variable à observer. Connaissant la dynamique des variables non observables pendant un intervalle de temps leurs estimations par le modèle du système est une solution. Pour une convergence rapide de l'estimateur la condition d'initialiser ses variables à celles de l'observateur à chaque fois que la variable passe d'un mode observable à un mode non observable.

**Observateur 1 :**

Cet observateur est synthétisé en admettant que le courant d'entrée $i_e$ et la tension de sortie$v_C$ sont mesurables. L'observateur est représenté dans le système suivant :

$$\begin{cases} \dot{\hat{x}}_i = s_i \frac{-R}{L} \tilde{x} + (1 - s_i) \frac{-R}{L} \hat{x}_i - \frac{1}{L} v_C \\ \quad + s_i \frac{E}{L} \lambda |e_i|^{\frac{1}{2}} sign(e_i) \\ \\ \dot{\tilde{x}} = s_i (\frac{-R}{L} \hat{x} - \frac{-1}{L} v_C + \frac{E}{L} + \alpha sign(e_i)) \\ \\ \tilde{x}(t_i^+) = \hat{x}_i(t_i^+), \end{cases} \quad (2.31)$$

Avec $t_i^+$ est l'instant de transition passant du mode observateur au mode estimateur. $\lambda$ et $\alpha$ sont deux constantes positives[KBX10]. Définissant l'erreur d'observation comme suit :

$$
\begin{cases}
e_i = x_i - \hat{x}_i \\[2em]
\tilde{e}_i = \sum_{k=1}^{p} s_k x_k - \tilde{x}
\end{cases}
\tag{2.32}
$$

**Remarque 2.2** :

Il existe des trajectoire hybride de temps tel que les courants de branches sont observables . En dehors de ces trajectoire les variables sont estimées en connaissant le modèle du système. Le passage d'une configuration à une autre est fonction des états des interrupteurs de commutation.

A partir des équations (1)-(8)-(9) on peut représenter la dynamique de l'erreur d'observation sous la forme suivante :

$$
\begin{cases}
\dot{e}_i = s_i \frac{E}{L} \lambda |e_i| sign(e_i) - \frac{R}{L} \tilde{e}_i \\[2em]
\dot{\tilde{e}}_i = -\frac{R}{L} e_i - \alpha sign(e_i)
\end{cases}
\tag{2.33}
$$

Le système qui représente la dynamique de l'erreur peut être considéré comme un système d'ordre 2. Les valeurs propre de ce système ont des parties réelles négatives. Pour vérifier la convergence de la dérivé de l'erreur on a calculé la dérivée seconde de l'erreur qui est représentée dans l'équation suivante :

$$
\ddot{e}_i = \phi(e_i) - \frac{\lambda}{2} |e_i|^{-\frac{1}{2}} sign(\dot{e}_i)
\tag{2.34}
$$

La fonction $\phi(e_i)$ converge vers zéro si l'erreur est convergente [KBX10].A partir de l'équation (2.37) on peut vérifier la convergence de la dérivé de l'erreur d'observation. $\dot{e}_i$

**Observateur cas 2 :**

Dans cette section un observateur des courants et de la tension de sortie est réalisé utilisant seulement le courant d'entrée $i_e$. L'observateur est représenté dans le système suivant :

$$\begin{cases} \dot{\hat{x}}_i = s_i \frac{-R}{L} i_e + (1-s_i)\frac{-R}{L}\hat{x}_i - \frac{1}{L}\tilde{x} \\ \quad + s_i\frac{E}{L} + s_i\lambda|e_i|^{\frac{1}{2}} sign(e_i) \\ \\ \dot{\tilde{x}} = \frac{\sum_{k=1}^p \hat{x}_k}{L} - \frac{\tilde{x}}{RC} + \alpha sign(\tilde{e}) \quad i = 1,...,p \end{cases} \qquad (2.35)$$

**Remarque 3 :** Cette observateur est synthétisé à base d'un algorithme super-twisting, dans le but d'observer les courants de branches $i_j$ $j = 1, 2, 3$ et la tension de sortie $V_C$. La partie estimation des variables non-observables est basée sur la connaissance de leurs dynamiques et le modèle du système.

Le système (2.39) représente l'erreur d'observation de chaque variable.

$$\begin{cases} e_i = x_i - \hat{x}_i \\ \tilde{e} = \frac{1}{C}\sum_{i=1}^p s_i x_i - \tilde{x} \end{cases} \qquad (2.36)$$

A partir des équations (2.1)-(2.38)-(2.39) la dynamique de l'erreur est représentée sous cette forme :

$$\begin{cases} \dot{e}_i = s_i\lambda|e_i|sign(e_i) - (1-s_i)\frac{R}{L}e_i - \frac{1}{L}\tilde{e}_i \\ \\ \dot{\tilde{e}} = -\frac{R}{L}e_i - \alpha sign(e_i) - \frac{1}{C}\sum_{i=1}^p e_i - \frac{1}{RC}\tilde{e} \end{cases} \qquad (2.37)$$

On remarque bien que la convergence des erreurs d'observation est assurée en vérifiant la condition $e_i\dot{e}_i \leq 0$.

## 2.5   Résultats de simulations

Les résultats des simulations sont obtenus en utilisant les paramètres de convertisseur suivants [L02] :

La fréquence de découpage $F_{dec} = 100KHz$ (pour la commande MLI), $L = 100\mu H$ , $C = 100\mu F$, $R_L = 1m$ , $V_e = 12V$ et $R_s = 0.06$

**Premier cas** : Observation des courants de branches, en mesurant le courant d'entrée et la tension de sortie.

Les simulations obtenues sont le résultat de test de l'observateur dans le cas d'un déséquilibrage des courants de branches.

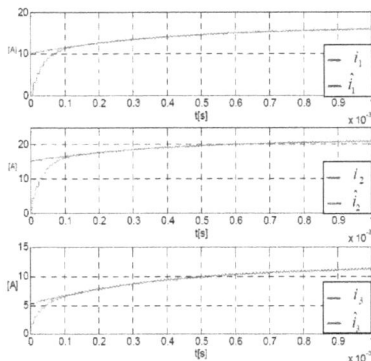

FIGURE 2.4 – Courants de branches ($i_1$, $i_2$, $i_3$) et leurs estimations ($\hat{i}_1$, $\hat{i}_2$, $\hat{i}_3$)

Les figures figure.2.3 et figure.2.4 représentent les courants $i_j$ et leurs estimations $\hat{i}_j$ . On remarque bien que les variables observées convergent vers les valeurs réelles des courants en un temps fini.

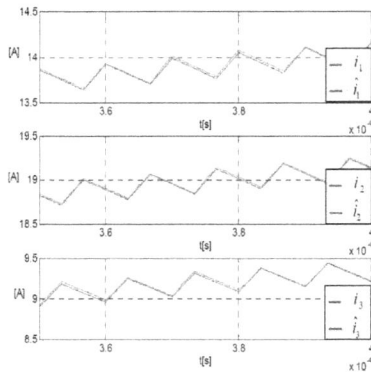

FIGURE 2.5 – Zoom des courants et leurs estimations.

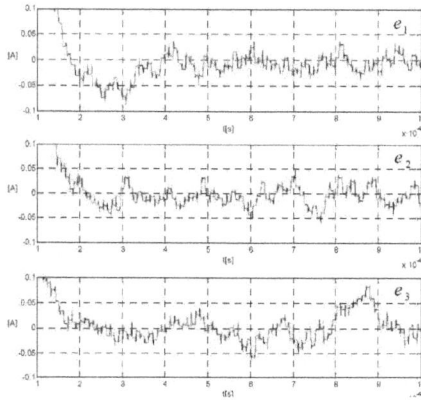

FIGURE 2.6 – L'erreur d'observation $e_i$.

**Deuxième cas** : Observateur utilisant seulement le courant d'entrée comme mesure.

Dans cette partie de simulations un observateur hybride est réalisé dans le but d'observer les courants de branches et la tension de sortie, la variable mesurée est seulement le courant d'entrée $i_e$. Les figures figure.2.6, figure2.7 représentent les performances de l'algorithme d'observation des courants de $i_j$, on remarque bien que cet algorithme est robuste vis à vis des variations de la charge.

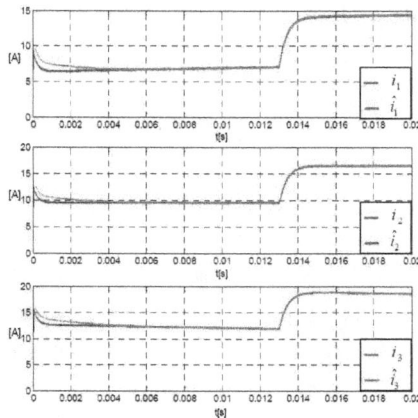

FIGURE 2.7 – Les courants de branches et leurs estimations dans le cas d'une charge variable.

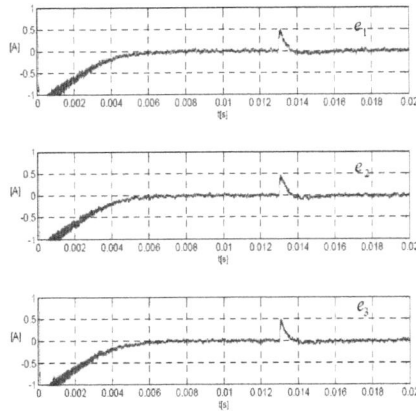

FIGURE 2.8 – Erreur d'observation des courants de branches avec variation de la charge à $t = 0.013s$

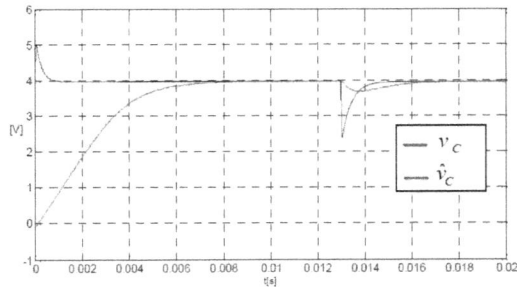

FIGURE 2.9 – La tension de sortie $V_C$ et son estimation $\hat{V}_C$

La figure.2.8 montre que le système reste suffisamment observable même en absence du capteur de tension $V_C$. Cette dernière pouvont être déterminée au moyen de l'observateur développé avec une bonne dynamique ( constante de temps de $2ms$). Cette observabilité reste acquise mémé si on applique une brusque variation de charge. En conclusion l'observateur développé permis d'assurer une observabilité suffisante même dans le cas ou l'un des capteurs est inopérant. Pour vérifier la robustesse de l'observateur, un bruit de mesure est introduit dans la mesure de courant d'entrée et l'analyse des résultats de simulations ont montré une performance remarquable de la technique d'observation développée précédemment.

## 2.6  Conclusion

Nous avons présenté, dans ce chapitre, des méthodes d'estimation des états dynamiques d'un convertisseur de puissance. La première partie est consacrée à l'analyse de l'observabilité du convertisseur en utilisant une nouvelle approche appelée $Z(T_N)$-observabilité. Le modèle de ces convertisseurs appartient à une classe particulière des systèmes hybrides. En tenant compte de cette particularité, nous avons proposé une nouvelle analyse d'observabilité hybride du convertisseur dans le but de réduire le nombre de capteurs. Pour valider les résultats théorique nous avons synthétisé un observateur spécifique à ce système prenant en compte l'analyse de l'observabilité. Nous avons appliqué, dans un premier temps, la technique de l'observateur à mode de glissement d'ordre 2 $super - twisting$ pour estimer l'état global des courants de branche avec un accès aux mesures du courant d'entrée $i_e$ et de la tension de sortie $V_C$. Les résultats de simulations ont montré des performances de l'observateur hybride et la convergence en un temps fini vers les variables réelles du système.

Dans un deuxième temps, nous avons appliqué l'observateur pour estimer l'état dynamique des courants de branches $i_j$ et la tension de sortie $V_C$ avec seulement une mesure du courant d'entrée $i_e$. A cet effet, nous avons exploité le modèle et l'analyse hybride du système. Les simulations avec les variations de la charge nous ont permis de vérifier la robustesse de l'approche développée.

# Chapitre 3

# Modélisation et commande hybride au moyen des réseaux de Petri

## 3.1 Introduction :

La plupart des procédés industriels réels évoluent selon des sous processus continus qui sont démarrés, arrêtés par des commandes à états discrets (dont les entrées dépendent des sous processus continus). Par conséquent, les procédés ont rarement un comportement purement discret ou purement continus mais plutôt un mixte des deux. Ces systèmes dynamiques à double composante comportementale (dynamique continue et événementielle) sont nommés : systèmes dynamiques hybrides (SDH)[FAF98]. Comme le précise Zaytoon (2001), la représentation continue ou discrète des modèles est directement liée à la nature des variables d'état et temporelle, qui peuvent être : soit continues, soit discrètes, soit symboliques. C'est à partir de cette classification sur les variables d'état que découlent les modèles des systèmes à dynamique continue ou à événements discrets. Pour les premiers, les variables d'état sont continues et la variable temporelle est soit continue (systèmes constitués d'équations différentielles et algébriques), soit discrète (systèmes échantillonnés). Quant aux modèles des systèmes à événements discrets, les variables d'état sont symboliques (voire discrètes) et la variable temporelle est soit symbolique (événements discrets non temporisés, seulement occurrence d'événements) soit continue ou discrète (événements discrets temporisés, prise en compte d'information temporelle). Une modélisation rigoureuse pour les SDH nécessite la prise en compte des interactions entre les aspects continus ( Inductance et circuit de la charge pour le cas d'un convertisseur de puissance) d'une part et les aspects séquentiels d'autre part (configurations des interrupteurs de commutations)[FAF98]. Or , certaines communautés scientifiques se sont focalisées sur les problèmes à dynamique continue puis ont essayé de prendre en compte les aspects discrets (Barbot, Djemai). A contrario, d'autres communautés sont parties des aspects événementiels pour y inclure les éléments continus. Ces façons d'aborder la modélisation des SDH ont conduit à de nombreux formalismes. Le comportement à dynamique continue est régulièrement représenté par un système d'équations différentielles et algébriques tandis que le comportement à dynamique discrète est plutôt traduit par un ensemble d'états et de transitions[PB01].

La topologie classique de convertisseur multicellulaire parallèle (CMP) repose sur une association de $p$ cellules de commutation interconnectées par intermédiaire d'inductances indépendantes, appelées aussi inductances de liaison. Les ordres de commande usuels des cellules de commutation ont le même rapport cyclique $\alpha$ et deux cellules adjacentes ont leurs ordres de commande déphasés de $2\pi/p$.[PB01]


Les inductances de liaison sont identiques sur chaque cellule et ont pour rôle d'absorber toute différence de tension instantanée entre les cellules. Le courant de sortie du convertisseur est égal à $n$ fois le courant d'entrée où $n$ est le nombre de cellules de commutation.

La première section de ce chapitre est consacrée à la modélisation hybride du convertisseur multicellulaire à trois cellules, avec une étude des cellules de commutations [GHTCS04], [LJSZS03].

Un des problèmes dans la mise en parallèle d'un grand nombre de cellules est le rééquilibrage des courants dans chaque cellule. La moindre imperfection du convertisseur peut conduire à un déséquilibre des courants. Ces imperfections peuvent être dues aux composants actifs (résistances en conduction différentes, seuils de conduction différents), aux composants passifs (différences entre les inductances de liaison) ou aux circuits de commande (les signaux n'ont pas le même rapport cyclique).

Dans le but de la régulation des courants de branches et la tension de sortie, un algorithme de contrôle hybride à base des RdP est proposé. Ce régulateur est constitué de deux partie, la première partie est un régulateur PI qui a comme référence la tension $V_C$ et $I_s$ comme sortie . La sortie de la première boucle de régulation est une entrée référence pour la deuxième partie du régulateur hybride. Cette dernière est synthétisée à base d'un RdP qui a comme entrées les états des courants de branches et comme sortie les commandes des interrupteurs de commutation[RA97].

Une reconfiguration de la commande des interrupteurs est proposée pour réagir à une variation entre les courants de branches. En fin des résultats de simulations sont réalisé pour valider les résultats thèoriques et prouver les performences de l'algorithme proposé.

## 3.2   Modélisation des systèmes hybrides :

## 3.3   Modèles hybrides :

Le modèle est la traduction du comportement dynamique du système physique en une représentation abstraite. C'est une étape nécessaire à toute étude qui ne se réduit pas à l'expérimentation. Sa qualité, en termes de fidélité à la réalité, mais aussi sa lisibilité et ses possibilités d'utilisation, sont essentielles.

### 3.3.1   Automates hybrides :

Un automate hybride se présente, fondamentalement, comme un automate à état fini avec des équations différentielles associées à ses états discrets. Ainsi, l'état global d'un automate hybride, à un instant donné, est défini par une paire $(q, X)$, $q$ représentant la situation (état discret) et $X$ la valeur du vecteur d'état (au sens continu). Cet état global se modifie pour deux raisons [LC98] :

le franchissement d'une transition discrète, qui change brusquement la situation et souvent alors l'évolution de l'état continu, voire directement la valeur de cet état (saut). Ce franchissement se produit sur occurrence d'un événement approprié et/ou si une condition devient vraie ;

l'évolution temporelle qui affecte $X$ suivant l'équation différentielle associée à la situation courante. Cette situation reste inchangée.

L'avantage de cette représentation est sa simplicité. Décrivant sans ambiguïté les évolutions possibles d'un SDH, elle sera à la base de l'analyse en vue d'établir des propriétés formelles. À chaque instant, un seul état discret est actif, donc il n'y a qu'un seul jeu d'équations (un seul modèle continu). Le caractère hybride se marque par le fait qu'un événement discret peut entraîner le changement d'état, donc la commutation du jeu d'équations, mais l'atteinte d'une valeur seuil sur une variable continue peut aussi entraîner un changement d'état discret. La figure.3.1 représente une classe d'automates hybrides linéaires à entrées/sorties [LJSZS03].

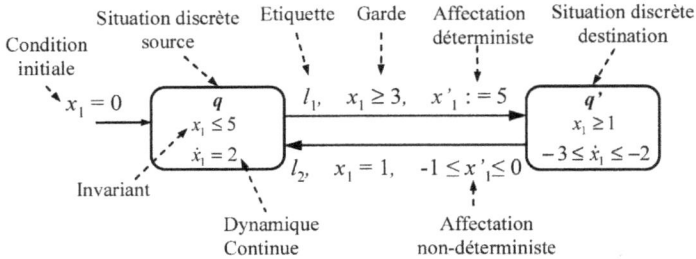

FIGURE 3.1 – Syntaxe d'un automate hybride linéaire .

## 3.3.2   Réseaux de Petri

Le terme « réseaux de Petri » désigne une famille de graphes orientés, munis d'un formalisme mathématique qui fait intervenir la manipulation des nombres entiers ou réels positifs ainsi que l'algèbre linéaire. Plusieurs classes de réseaux de Petri ont été développées et étudiées. Parmi celles  ci on distinguera les réseaux de Petri autonomes dépourvus d'horloge interne et les réseaux de Petri dépendant du temps qui en sont pourvus. Pour les premiers, seul l'ordre d'apparition des événements est pris en compte alors que pour les seconds les instants d'occurrence des événements interviennent également. On retiendra également les réseaux de Petri continus utilisés pour représenter les systèmes continus et les réseaux de Petri hybrides utilisés pour représenter les systèmes hybrides. A ces réseaux, il faut ajouter les réseaux de Petri commandés pour lesquels l'évolution est dictée par des événements extérieurs. Ces derniers seront abordés dans ce document.

### 3.3.2.1   Réseaux de Petri autonomes

Un réseau de Petri autonome est un graphe orienté qui comporte deux types de noeuds : les places représentées par des cercles et les transitions représentées par des traits ( figure.3.2 ). A chaque place est associé un marquage qui est un nombre entier correspondant au nombre de jetons dans la place. Un jeton est un petit disque noir qui représente généralement une ressource disponible dans la place où il se trouve. Le marquage initial indiqué sur la figure.3.2 est $(2, 1, 0, 0)$. Le marquage correspond à l'ordre croissant des indices, c'est à dire à $(m_1, m_2, m_3, m_4)$. Les transitions $T_1$ et $T_3$ sont sensibilisées parce qu'il y a au moins un jeton dans chaque place d'entrée de ces transitions. Le franchissement consiste à retirer un jeton de chacune des places d'entrée et à rajouter un jeton à chaque place de sortie de la transition franchie. Le franchissement de $T_1$ conduirait au marquage $(1, 1, 1, 0)$ et le franchissement de $T_3$ conduirait à $(2, 0, 0, 1)$. Tous les franchissements possibles apparaissent sur le graphe des marquages. Notons que, pour l'exemple de la figure.3.2, il y a deux invariants de marquage $m_1 + m_3 = 2$ et $m_2 + m_4 = 1$. L'état du RdP peut donc être représenté par $(m_1, m_2)$ au lieu de $(m_1, m_2, m_3, m_4)$ qui est redondant. Le graphe des marquages peut être représenté dans le plan $(m_1, m_2)$ ( figure.3.2 ) et on peut constater qu'il y a 6 états possibles [RA97].

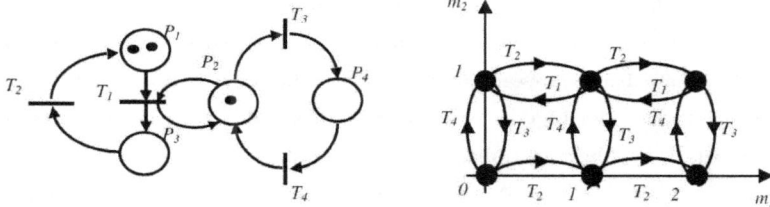

FIGURE 3.2 – Réseaux de Pétri et son espace de marquage .

### 3.3.2.2 Réseaux de Petri continus

Un réseau de Petri continu autonome RdPC est défini comme un cas limite de réseau de Petri discret : chaque jeton est découpé en k jetons plus petits et k tend vers l'infini. La figure.3.3 montre un RdPC : les places et transitions sont représentées à l'aide de doubles traits. Le marquage initial indiqué est aussi $(2, 1, 0, 0)$ mais dans ce cas le marquage est représenté par un vecteur de nombres réels et non plus entiers. Dans l'état initial, les transitions $T_1$ et $T_3$ sont sensibilisées, puisque les marquages de leur place d'entrée ne sont pas nuls. Ces deux transitions peuvent être franchies. On définit maintenant une quantité de franchissement qui est un nombre réel compris entre 0 et 1. Par exemple pour une quantité de franchissement de 0.2 de la transition $T_1$, on atteint le marquage $(1.8, 1, 0.2, 0)$. On peut observer qu'il y a un nombre infini de marquages accessibles qui correspondent à la partie grisée du plan ( figure.3.3 ) [RA97].

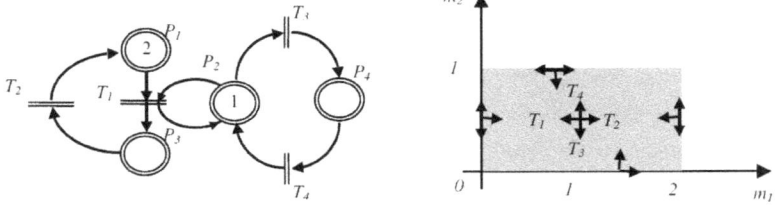

FIGURE 3.3 – Réseaux de Petri Continu et son espace de marquage .

### 3.3.2.3   Réseaux de Petri hybrides

Définis au début des années 1960, les réseaux de Petri (RdP) ont été largement utilisés pour représenter des systèmes à événements discrets (SED). Une des difficultés que soulève l'exploitation des réseaux de Petri est l'augmentation rapide de la complexité du modèle, induite par la possibilité d'avoir un nombre quelconque de jetons dans les places. Cela a conduit à introduire des réseaux de Petri continus (RdPC) où le marquage devient un nombre réel positif. Des RdPC, on est passé aux réseaux de Petri continus temporisés, puis aux réseaux de Petri hybrides (RdPH), aux réseaux de Petri lots et à d'autres extensions.

Un réseau de Petri hybride RdPH comporte des places continues et discrètes ainsi que des transitions continues et discrètes ( figure.3.4 ) Sur cet exemple, les places continues sont $P_1$ et $P_3$ et les transitions continues correspondent à $T_1$ et $T_2$. D'autre part, les places discrètes sont $P_2$ et $P_4$ et les transitions discrètes correspondent à $T_3$ et $T_4$. Considérons le franchissement de la transition continue $T_1$.

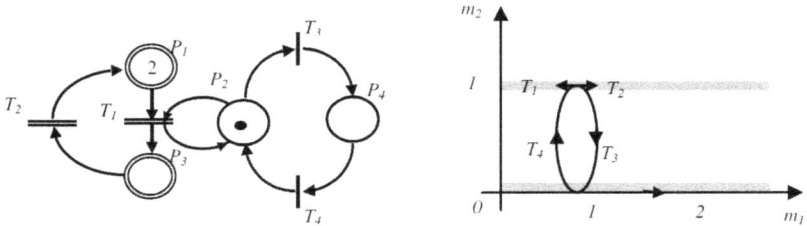

FIGURE 3.4 – Réseaux de Petri Hybride et son espace de marquage .

Pour une quantité de franchissement de 0.1 on obtient le marquage $(1.9, 1, 0.1, 0)$. On a retiré 0.1 à $P_1$ et $P_2$ qui sont les places d'entrée de la transition et on a ajouté la même quantité à $P_2$ et à $P_3$ qui sont les places de sortie. On peut constater que le marquage de la place $P_2$ reste un nombre entier car on a retiré et ajouté la même quantité.

Le marquage accessible correspond aux deux segments grisés ( figure.3.4 ) On se déplace de façon continue le long d'un segment par franchissement continu de $T_1$ ou $T_2$ et on commute d'un segment à l'autre par le franchissement discret de $T_3$ ou $T_4$.

### 3.3.2.4  Réseaux de Petri dépendant du temps

Pour représenter le comportement des systèmes dynamiques, il est nécessaire de modéliser le temps. Certaines extensions des réseaux de Petri permettent cette modélisation : il s'agit des RdP temporisés. Le temps peut être associé indifféremment aux places ou aux transitions du RdP. Nous considérerons ici uniquement le cas où le temps est associé aux transitions [RA97].

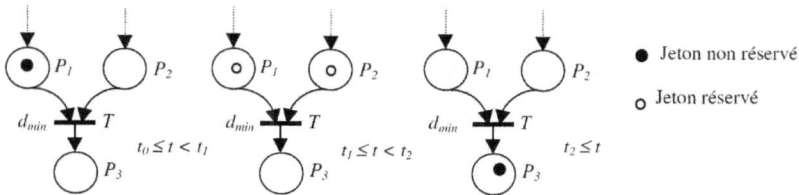

FIGURE 3.5 – Franchissement des transitions dans un réseaux de Petri temporisé .

### 3.3.3  Bond graph

La modélisation et l'analyse des modèles permettent d'étudier des phénomènes réels et de prévoir des résultats à un niveau d'approximation donné. Les modèles mathématiques peuvent être complexes et difficiles à interpréter ; pour cette raison, dans les dernières décades plusieurs outils graphiques ont été développés, parmi lesquels on peut trouver : les schémas blocs [G51], les graphes de fluence [G51], les Bond Graphs (BG) , le Graphe Informationnel Causal (GIC) , la Représentation Énergétique Macroscopique (REM) .

Le bond graph est une technique graphique utilisée pour modéliser les systèmes avec un langage unifié pour tous les domaines des sciences physiques . On peut associer des sous-modèles de différents types de systèmes tels que les systèmes électriques, mécaniques, hydrauliques, thermiques en un seul bond graph, ce qui permet une visualisation graphique des relations de cause à effet, et assure la conservation de la puissance. La construction du

modèle se fait en 3 étapes : Analyse fonctionnelle, Analyse phénoménologique et Analyse
comportementale.

Pour la construction d'un BG on peut suivre une procédure propre au domaine concerné,
une comparaison graphique du schéma et du BG est montrée figure.3.6.

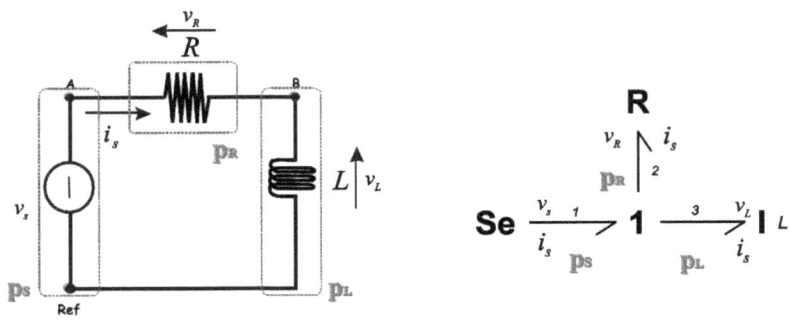

FIGURE 3.6 – Comparaison graphique du circuit RL.

### 3.3.4 Autres modèles

Les modèles vus précédemment sont tous des modèles état-transition, accompagnés
d'équations algébro-différentielles. Ils diffèrent par le traitement des transitions, l'utilisation des événements, la possibilité (ou non) du parallélisme, la structuration hiérarchique,
la représentation graphique de systèmes différentiels (cas des RdPH), et bien sûr le gra-
phisme, celui-ci restant toujours un support visuel très sobre. Ces modèles sont d'une
grande généralité et nécessitent l'utilisation de méthodes garantissant leur élaboration et
leur validation.

Nous pouvons mentionné la logique floue, considérée dès l'origine des études sur les
SDH comme un outil possible mais qui, dans la modélisation hybride, n'a guère été utilisée
jusqu'ici que pour représenter l'incertitude entourant un comportement de type continu.
Des représentations telles que MSMC (modélisation simulation de machines cybernétiques)
visent à définir sous une forme totalement graphique des systèmes industriels comportant
des parties continues et discrètes, sans que leur structuration fasse apparaître ce caractère
hybride.

# 3.4   Commande hybride au moyen des réseaux de Petri :

### 3.4.1   Structure de base d'un contrôleur hybride :

#### 3.4.1.1   Caractéristiques des interrupteurs de commutation :

Par définition un interrupteur est un dipôle permettant d'établir une connexion binaire (ouvert-fermé) dans le circuit électrique où il est inséré. La tension à ses bornes à l'état ouvert, le courant qui le traverse à l'état fermé caractérisent son fonctionnement statique et ses directionnalités.

Les conditions de ses changements d'état caractérisent son fonctionnement dynamique et sa commandabilité.

La figure.3.7 montre les représentations statiques et dynamiques de l'interrupteur idéalisé qui sont respectivement le référentiel d'axes $u$, $i$ non borné et un réseau de Petri d'état à deux places. L'interrupteur idéalisé apparait donc comme un élément énergiquement neutre puisqu'il n'est le siège d'aucune perte d'énergie ; pratiquement, on admet ainsi la chute de tension nulle (courant nul) à l'état passant(ouvert) quel que soit le signe du courant ( de la tension) et les commutations (changement d'état) sont supposées instantanées(durées nulles).

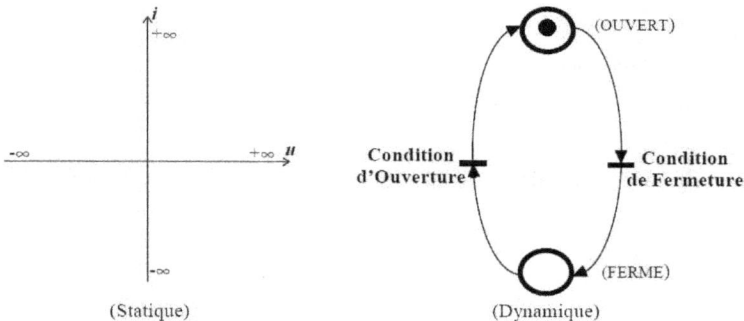

FIGURE 3.7 – Caractérisation de l'interrupteur idéalisé.

### 3.4.2   Modélisation fonctionnelle du convertisseur multicellulaire parallèle

Le convertisseur multicellulaire parallèle se réduit à un système élémentaire de conversion statique d'énergie électrique figure.3.8.

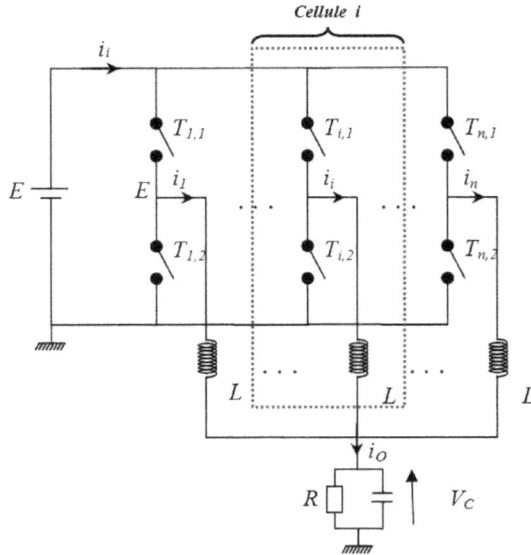

FIGURE 3.8 – Convertisseur multicellulaire parallèle à 3 cellules de commutation.

Il est qualifié d'hybride puisque formé d'une partie continue (la source E de tension continue et les éléments passifs de modélisation $L$, $R_L$ de la bobine et $R$, $C$ de la charge ) et la partie discontinue ( les circuits de commutation fonctionnant en tout-ou-rien : interrupteur ouvert ou fermé) [BCSM08].

### 3.4.3    Description fonctionnelle d'une cellule de commutation :

La cellule de commutation présente en pratique 3 configurations possibles (voir figure.3.9) en fonction des combinaisons d'état des interrupteurs de commande (ouvert (0), fermé (1)). La configuration non souhaitée conduit toujours à un dommage (danger pour le matériel et les humains) correspondant aux deux interrupteurs passants [BCSM08].

Les transitions d'une configuration à une autre dépendent à la fois de la séquence de commande appliquée aux interrupteurs de commutation (IGBT, MOSFET,...) et de la situation énergétique aux bornes de ces derniers. Pour une cellule de commutation $k$, la commande des deux interrupteurs est représentée par une variable $C_k$ qui prend une valeur dans un ensemble fini $\{0, 1, 2\}$, les valeurs 0, 1 et 2 désignent, respectivement, le blocage des deux interrupteurs, l'activation de l'interrupteur supérieur $T_{k,1}$ et l'activation

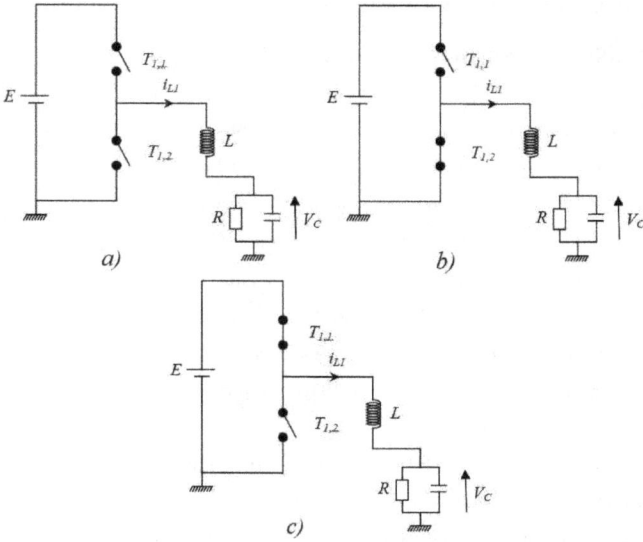

FIGURE 3.9 – Cellule de commutation et ses configurations possibles.

de l'interrupteur inférieur $T_{k,2}$ [D07].

Remarque : La troisième configuration où les deux interrupteurs sont en conduction est exclue, dans notre travail on va utiliser le IP2002 qui est un composant équipé d'un circuit de contrôle assurant la complémentarité du signal de premier interrupteur ( voir figure.3.10) .

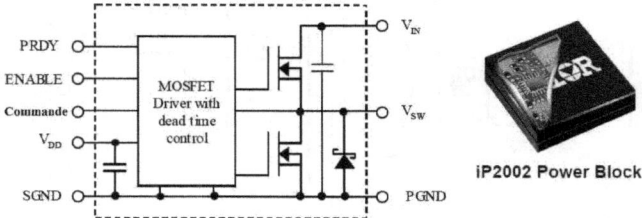

FIGURE 3.10 – Composant électronique IP2002 contenant une cellule de commutation .

## 3.5  commande hybride du convertisseur multicellulaire parallèle à base des réseaux de Petri

Les systèmes dynamiques sont généralement continus ou discrets ou les deux à la fois. Ils sont souvent modélisées par des équations différentielles ou équations d'états ou fonctions de transferts. Pour les Systèmes Dynamique Discrets (SDD), l'espace des variables des sorties est un ensemble discret de valeur booléenne (états ouverture / fermeture d'un interrupteur, nombre d'interrupteurs ouverts/fermés simultanés dans un convertisseur statique, nombre d'impulsions pour la commande des interrupteurs). Les systèmes incluant les deux caractéristiques continues et discrètes sont appelés les Systèmes Dynamiques Hybrides. Sous une forme très simplifiée, un SDH comporte deux sous ensembles, un bloc continu, un bloc discret [RA97] :

- le bloc continu symbolise l'évolution dynamique de l'état continue dans notre cas les inductances de liaison, la capacité de la sortie et la charge ($\mu$ $Processeur$).

- le bloc discret présente le système à événement discret il reçoit des événements internes, externes et conditions, pour le convertisseur c'est l'état des interrupteurs des cellules de commutation.

Dans ce travail, nous nous sommes intéressés à la méthode de modélisation et de commande des systèmes hybrides à dominantes évènementielles basées sur l'utilisation des réseaux de Petri. La méthode est illustrée par la figure.3.11 [LC98].

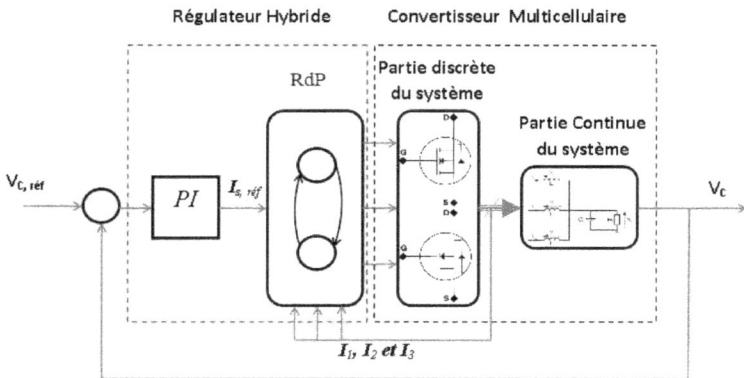

FIGURE 3.11 – Le schéma représentant la commande hybride du système .

La commande est constituée de deux parties, une partie continue et une partie discrète
. La première est basée sur une boucle de régulation PI assurant la régulation de la tension
de sortie. Cette boucle a comme entrée l'erreur $e_1 = V_{ref} - V_C$ et comme sortie le courant
$I_{sref}$. La deuxième boucle de régulation est modélisée par un RdP qui a comme mission la
régulation de courant $I_s$ à la valeur $I_{sref}$ calculé par le PI. Cette régulation de courant est
suivie d'un équilibrage des courants de branches pour assurer une meilleure répartition de
ces derniers dans chaque branche . La figure.3.12 représente le RdP de la commande des
interrupteurs, les places P1, P2 et P3 modélisent respectivement l'état des interrupteurs
des cellules de commutation Cell1, Cell2 et Cell3. Cet algorithme de calcul de la commande
est développé afin d'agir sur le système, dans le cas ou il présente un déséquilibrage au
niveau des courants circulant dans les inductances de liaison. La transition d'une place à
une autre est conditionnée par l'état des courants de chaque branche ($Table3.1$) , le courant
$I_{sref}$ et les configurations autorisées au convertisseur. La fermeture de l'interrupteur de
la cellule ($Cell_i$) est conditionnée par la validation de la transition $T_{i0}$ et l'écoulement de
temps de séjour $d_i$ ($d_1$ de $P_4$ pour la cellule de commutation $Cell_1$). Ce temps de séjour
modélise le temps autorisé entre deux commutations successives, il est en fonction de la
technologie utilisée pour la réalisation de l'interrupteur de commutation. Pour notre travail
on a pris le même temps de séjour des places P4, P5 et P6 c-à-d $d_1 = d_2 = d_3$. Le RdP
est constitué de 3 arcs inhibiteurs, leur rôle est d'empêcher la présence de plus d'un seul
jeton dans les places P1, P2, et P3.

L'évolution du RdP est conditionné par les configurations autorisées sur les interrupteurs de commutation, la figure.3.13 représente un réseau de Petri auxiliaire modélisant
ces configurations autorisées. les places P7, P8 et P9 désignent respectivement la configuration 1 , la configuration 2 et la configuration 3. Une variable $\alpha$ prend trois valeurs 1, 2
et 3, ces valeurs désignent respectivement les configurations autorisées $Config1$, $Config2$
et $Config3$. La figure.3.14 détaille l'évolution du RdP auxiliaire en fonction de l'état des
courants $I_1$, $I_2$ et $I_3$.

En fonction des courants $I_1$, $I_2$, $I_3$ et $I_e$ le convertisseur est autorisé à se configuré
sous trois configurations possibles. Pour la première configuration un seul interrupteur est
autorisé à être passant, le courant circulant dans cellule $Cell_i$ devra vérifier la condition
( $I_i = min1 = min(I_1, I_2, I_3)$) pour être passant . La deuxième configuration deux interrupteurs sont autorisées à être passants, dans ce cas le choix sur les deux interrupteurs est
conditionné par $((I_i + I_j) = min_2 = min((I_1 + I_2), (I_1 + I3), (I_2 + I3))$). Le dernier cas où

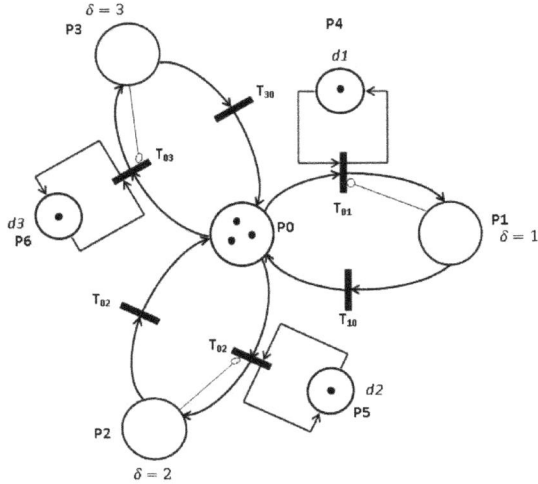

FIGURE 3.12 – RdP de commande des interrupteurs du convertisseur à 3 cellules de commutation.

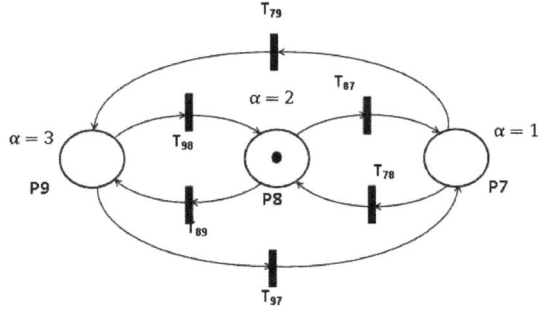

FIGURE 3.13 – RdP décrivant les configurations possibles du convertisseur.

on a trois interrupteurs autorisés à être passants. La figure.3.14 illustre les 3 cas possibles des configurations du convertisseur [LC98].

La signification de toutes places et transition est montrée dans les tables 3.1 et 3.2. Avec : $min_1 = min(I_1, I2, I3)$, $min_2 = min((I_1 + I_2), (I_1 + I_3), (I_2 + I_3))$ et $I_{ref} = \frac{I_{sref}}{3}$

Le déséquilibrage des courants de phases est l'un des problèmes majeur de ce type de convertisseur, ce dés-équilibrage provoque une défaillance sur la source de tension si un des courant de branche dépassera le courant autorisé en entrée. La pollution du réseau électrique par des harmoniques indésirables est l'une des autres conséquences de ce problème,

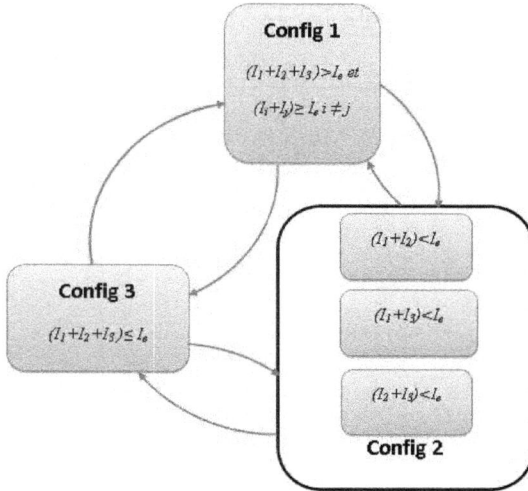

FIGURE 3.14 – Configurations autorisées en fonction des courants $I_1$, $I_2$, $I_3$ et $I_e$.

TABLE 3.1 – Signification des places

| Places $P_i$ | Désignations |
|---|---|
| $P_0$ | État initial |
| $P_1$ | Etat de l'interrupteur de la $1^{ere}$ cellule |
| $P_2$ | Etat de l'interrupteur de la $2^{eme}$ cellule |
| $P_3$ | Etat de l'interrupteur de la $3^{eme}$ cellule |
| $P_4$, $P_5$ , $P_6$ | Places temporisées désignant le temps autorisé entre deux commutation d'un interrupteur |
| $P_7$ | Config 1 un seul interrupteur est autorisé à être fermé |
| $P_8$ | Config 2 , deux interrupteurs sont autorisés à être fermés |
| $P_9$ | Config 3, trois interrupteurs sont autorisés à être fermés |

on montrera dans les résultats de simulation l'apport de notre approche sur le courant d'entrée et la dépollution du réseau électrique.

La plupart des convertisseur multimodèle utilise la commande MLI pour la régulation de tension ou de courant, dans ce travail une comparaison est faite entre la commande classique MLI et notre approche.

TABLE 3.2 – Les transitions

| Transitions | Désignations |
|---|---|
| $T_{01}$ | $I_1 < I_{ref} et[\alpha = 3 \ ou\{(\alpha = 2) \ et \ [(I_1 + I_2) = min_2$ |
| | $et \ \delta \neq 3 \ ou \ (I_1 + I_3) = min_2 \ et \ \delta \neq 2\} \ ou$ |
| | $\{\alpha = 1 \ et \ I_1 = min_1 \ et \ \delta \neq 2 \ et \ \delta \neq 3\}]$ |
| $T_{02}$ | $I_2 < I_{ref} et[\alpha = 3 \ ou\{(\alpha = 2) \ et \ [(I_1 + I_2) = min_2$ |
| | $et \ \delta \neq 3 \ ou \ (I_2 + I_3) = min_2 \ et \ \delta \neq 1\} \ ou$ |
| | $\{\alpha = 1 \ et \ I_2 = min_1 \ et \ \delta \neq 1 \ et \ \delta \neq 3\}]$ |
| $T_{03}$ | $I_3 < I_{ref} et[\alpha = 3 \ ou\{(\alpha = 2) \ et \ [(I_1 + I_3) = min_2$ |
| | $et \ \delta \neq 2 \ ou \ (I_2 + I_3) = min_2 \ et \ \delta \neq 1\} \ ou$ |
| | $\{\alpha = 1 \ et \ I_3 = min_1 \ et \ \delta \neq 2 \ et \ \delta \neq 1\}]$ |
| $T_{10}$ | $I_1 \geq I_e \ ou \ [(I_1 + I_2 + I_3) \geq I_e] \ ou$ |
| | $[(I_1 + I_k) = min_2 + \Delta_2] \ ou \ [I_1 \geq min_1 + \Delta_1]$ |
| $T_{20}$ | $I_2 \geq I_e \ ou \ [(I_1 + I_2 + I_3) \geq I_e] \ ou$ |
| | $[(I_2 + I_k) = min_2 + \Delta_2] \ ou \ [I_2 \geq min_1 + \Delta_1]$ |
| $T_{30}$ | $I_3 \geq I_e \ ou \ [(I_1 + I_2 + I_3) \geq I_e] \ ou$ |
| | $[(I_3 + I_k) = min_2 + \Delta_2] \ ou \ [I_3 \geq min_1 + \Delta_1]$ |
| $T_{87}, T_{97}$ | $[(I_i + I_j) > I_e \ i \neq j]$ |
| $T_{78}, T_{98}$ | $[(I_1 + I_2 + I_3) > I_e] \ et \ [(I_i + I_j) < I_e \ i \neq j]$ |
| $T_{89}, T_{79}$ | $[(I_1 + I_2 + I_3) \leq I_e]$ |

## 3.6  Résultats de simulation

Les résultats de simulation sont obtenus en utilisant les paramètres du convertisseur
suivants :

La fréquence de découpage $F_{dec} = 100KHz$ (pour la commande MLI), $L = 100\mu H$
, $C = 100\mu F$, $R_L = 1m$ , $V_e = 12V$ , $R_s = 0.03$ , $d1 = d2 = d3 = \frac{1}{f_{com}} = 5 \ 10^{-6}s$,
$\Delta_1 = 0.5A$ et $\Delta_2 = 1A$.

Après application de la commande rapprochée du convertisseur, des résultats de simulation sont présentés dans les figures suivantes :

La figure.3.15 représente l'évolution des courants de branches dans le cas de commande
MLI sans déséquilibrage.

En présence d'anomalies dues principalement aux imperfections des bobines des cellules (inégalité des valeurs propres des inductances, facteur de qualité de ces dernières
...) le système présente un déséquilibrage au niveau des courants de branches. Les figures
figure.3.16 et figure.3.17 représentent l'évolution des courants de phases de la commande
MLI et de la commande hybride à base des RdP. Nous remarquons que la commande MLI
est non robuste en présence d'une telle situation en revanche la commande hybride basé
sur les RdP rééquilibre les courants circulant dans les branches et se comporte de manière
robuste. La performance de la commande hybride étant constatée aussi bien qu'en régime

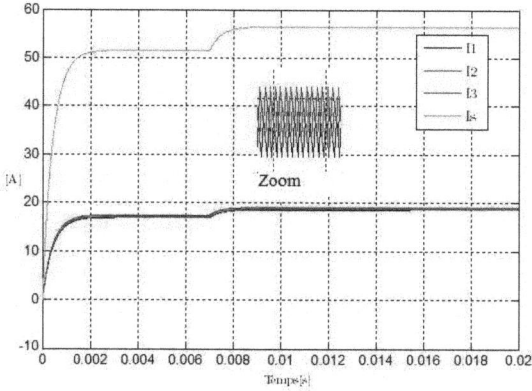

FIGURE 3.15 – Commande MLI classique sans déséquilibrage des courants de branches .

établi qu'en régime de variation de charge.

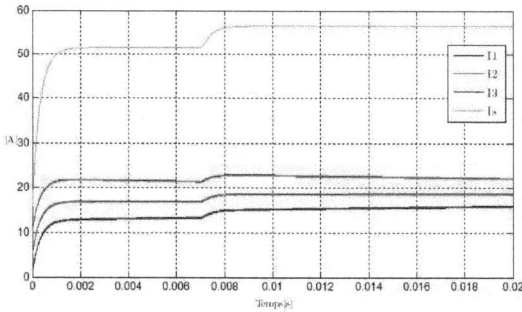

FIGURE 3.16 – Commande MLI classique en présence d'un déséqulibrage des courants de branches.

Pour comparer les performances des deux lois de commande, nous les avons appliquées successivement. La figure.3.18 représente des résultats obtenus en utilisant successivement les deux lois de commande sur le convertisseur. Les résultats montrent que la commande hybride a réussi à équilibrer les trois courants de branches là où la commande MLI a manqué de performances. Cette même figure confirme la robustesse de la commande hybride, puisque les trois courants restent équilibrés malgré la brusque variation de charge appliqué par nous soi à peine $1ms$ après le premier équilibrage. Elle montre également la dynamique de la commande hybride et la stratégie d'équilibrage des courants (action

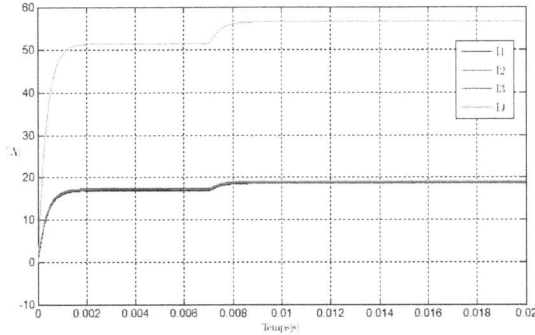

FIGURE 3.17 – Commande hybride basée sur le RdP en présence d'un déséqulibrage des courants de branches.

corrective différenciée selon l'intensité des courants).

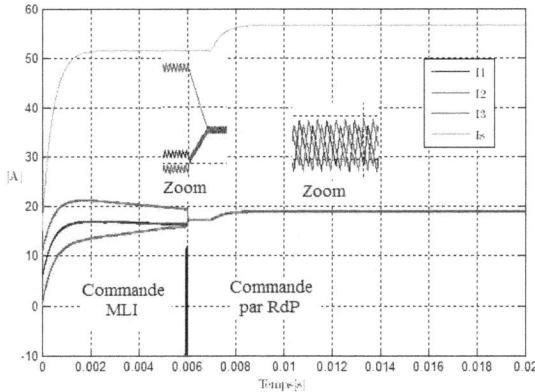

FIGURE 3.18 – Permutation passant de la commande classique vers la commande hybride en présence des déséquilibrages .

La figure.3.19 représente l'évolution la forme d'onde du courant d'entrée pour les deux commandes. Nous remarquons que la commande MLI présente un inconvénient majeur en se qui concerne la qualité du signal ( forte contenu harmonique ) donc problème de pollution électromagnétique. En revanche la commande hybride présente un bien meilleur indice de qualité CEM. Ce point fera l'objet d'une étude spécifique ultérieurement.

La tension de sortie du convertisseur subit une variation au moment de la variation de la charge, puisque la charge est un filtre passe bas. Ainsi la dynamique de la tension de

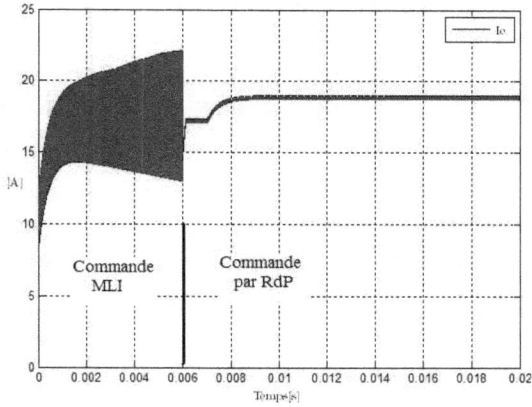

FIGURE 3.19 – Évolution du courant d'entrée dans les deux cas de commandes .

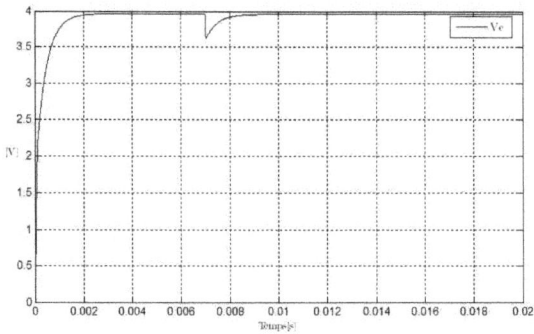

FIGURE 3.20 – Évolution de la tension de sortie .

sortie est l'image de la somme des courants de branche. Le temps de réponse du système est de l'ordre de $2.10^{-3}s$. Ce dernier est amélioré quand la tension de sortie fait partie de la boucle de régulation voir figure.3.20 .

## 3.7   Conclusion

Ce travail est constitué d'une modélisation et commande d'une nouvelle topologie de
convertisseur de puissance DC/DC, un algorithme de commande des interrupteurs du
convertisseur à l'aide des réseaux de Petri a été proposé pour résoudre le problème liée
au déséqulibrage des courants de branche. Les réseaux de Petri sont parmi les outils performants pour la modélisation et la commande de ce type de système qui présentent des
discontinuités dans leurs modèles mathématiques. L'algorithme est basé sur les états des
courants de branches, le courant référence calculé par le PI et les configurations autorisées. Pour terminer des résultats de simulation ont montré la convergence des courants
de branche vers un voisinage de la valeur du courant de fonctionnement nominale en un
temps de réponse fini. L'évolution du courant d'entrée montre une performance remarquable de notre approche sur la pollution du réseau en amont du convertisseur par apport
à la commande classique.

# Chapitre 4

# Expérimentation et validation des résultats théoriques

## 4.1 Introduction

Dans ce chapitre, nous allons présenté les résultats expérimentaux de l'observation et de la commande du convertisseur multicellulaire parallèle à trois cellules de commutation. En premier lieu une maquette est réalisée afin d'implémenter les algorithmes de commande et d'observation. Cette maquette est composée de deux parties, le convertisseur à trois cellules et la carte de commande SPARTAN 3E Xilinx. Dans le but d'étudier la robustesse des algorithmes de commande et d'observation, une charge électronique variable est prévue pour faire varier le courant de sortie du convertisseur. Les algorithmes de commande et d'observation sont programmés en langage HDL, ces derniers sont synthétisés à base d'un logiciel de programmation ISE Xilinx. Les éléments passifs du convertisseur sont dimensionnés en tenant compte des contraintes de fonctionnement. Parmi ces composants : le condensateur d'entrée , le condensateur de sortie et les inductances de liaison qui ont une influence importante sur le bon fonctionnement du convertisseur. Pour la cellule de commutation, des interrupteurs de commutation sont choisis en fonction de cahier des charges et la fréquence de découpage maximale. Ce composant est constitué de deux interrupteurs et un circuit de contrôle intégré dans le même boitier. Enfin une étude comparative est réalisée entre les commandes classiques et l'algorithme de régulation proposé.

## 4.2   Dimensionnement des composants

### 4.2.1   Le condensateur d'entrée

Le modèle est la traduction du comportement dynamique temporel du système physique en une représentation abstraite. C'est une étape nécessaire à toute étude qui ne se réduit pas à l'expérimentation. Sa qualité, en termes de fidélité à la réalité, mais aussi sa lisibilité et ses possibilités d'utilisation, sont essentielles. Dans le but de maintenir la tension d'entrée invariable des condensateurs de filtrage sont mis en parallèle, leur dimensions en se basant sur le modèle mathématique du système est importantes.

Soit $\Delta E = 5\%E = \frac{Q_{Cemax}}{C_e}$ : ondulation maximale de la tension d'entrée.

Avec :

$\rightarrow E$ : tension d'entrée [V]

$\rightarrow Q_{Cemax}$ : quantité de charge maximale stockée dans le condensateur d'entrée [C]

La capacité d'entrée $C_e$ aura comme valeur :

$$C_e = \frac{Q_{Cemax}}{\Delta E} = \frac{I_s \cdot T_{dec}(\frac{k}{p} - D)(D - \frac{k-1}{p})}{\Delta E} \qquad (4.1)$$

D'après la relation (4.1), l'augmentation de nombre de branches $p$ fait diminuer la capacité d'entrée $C_e$.

### 4.2.2   Le condensateur de sortie

Capacité de sortie est l'un des facteurs importants dans la réalisation d'un convertisseur de puissance. Si la capacité de sortie n'est pas bien dimensionnée, la tension de sortie sera perturbée pendant le fonctionnement en régime transitoire.

Pour calculer la valeur du condensateur de sortie, on a besoin de connaitre les ondulations du courant dans chaque branche qui présente des formes triangulaires exprimées par :

$$\Delta I_p = \frac{E \cdot (1 - D) \cdot D}{L \cdot f_{dec}} \qquad (4.2)$$

La Fig.4.1 montre la forme d'onde du courant de sortie d'un convertisseur à $p$ branches parallèles : la fréquence apparente du courant est égale à $p$ fois la fréquence de découpage. La même forme d'onde se répète tout les $(\frac{1}{p} \cdot f_{dec})$. pour différents rapports cycliques $(D_1, D_2, D_3, ...)$. On peut remarquer que chaque rapport cyclique $D$ peut être écrit en

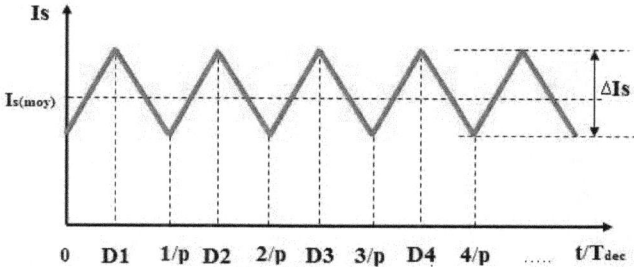

FIGURE 4.1 – Ondulation du courant de sortie pour $p$ branches en parallèles

fonction du rapport cyclique $D_1 < \frac{1}{p}$ : $D = D_1 + \frac{(k-1)}{p}$ avec $k \in \{1, 2, ..., p\}$.

Les $p$ branches des convertisseurs parallèles peuvent être ramenées à un seul convertisseur équivalent avec :

$$\Delta I_s = \frac{E \cdot D_1 \cdot (1 - p \cdot D_1)}{L \cdot f_{dec}} \qquad (4.3)$$

Le tracé de l'évolution du rapport entre l'ondulation maximale du courant de sortie , celle du courant de branche en fonction de nombre de phases en parallèle et de la valeur du rapport cyclique (voir figure.4.2) permet de mettre rapidement en évidence la caractéristique suivante :

l'augmentation du nombre de cellules en parallèle entraîne une réduction du rapport $\frac{\Delta I_s(max)}{\Delta I_p(max)}$.

De même, l'ondulation du courant de sortie ($\Delta I_s$) est réduite avec l'augmentation du nombre de cellules. Cette réduction $\Delta I_s$ conduit évidement à une réduction de la valeur efficace du courant $I_{s(eff)}$ et à une capacité de sortie ($C_s$) plus faible. Ce premier avantage aide à l'augmentation de la densité de puissance du convertisseur. La réduction de $I_{s(eff)}$ implique en particulier une réduction des pertes dans le condensateur $C_s$.

L'ondulation de la tension de sortie est donnée par :

$$\Delta V_C = \frac{1}{C_s} \cdot \frac{1}{8} \cdot \frac{1}{pf_{dec}} \cdot \Delta I_s = \frac{1}{C_s} \cdot \frac{1}{8} \cdot \frac{1}{pf_{dec}} \cdot \frac{E \cdot D_1 \cdot (1 - p \cdot D_1)}{L \cdot f_{dec}} \qquad (4.4)$$

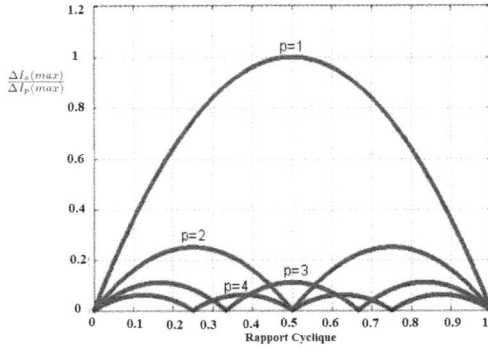

FIGURE 4.2 – Ondulation réduite du courant de sortie

La valeur minimale de la capacité est donnée par :

$$C_s(min) = \frac{1}{\Delta V_C} \cdot \frac{1}{8} \cdot \frac{1}{p} \cdot \frac{E \cdot D_1 \cdot (1 - p \cdot D_1)}{L \cdot f_{dec}^2} \qquad (4.5)$$

### 4.2.3   Les inductances de liaison

Le but de cette section est de déterminer les inductances en fonction du nombre de branches $p$, la fréquence de commutation et l'ondulation du courant $\Delta I_s$ tolérée .

L'ondulation du courant de sortie,$\Delta I_s$ , est à la fréquence $p.f_{dec}$ ( $f_{dec}$ : fréquence de découpage). En se basant sur l'étude réalisée sur le convertisseur multicellulaire parallèle , cette ondulation est conditionnée par l'inductance symétrique d'ordre $p$. Cette inductance, dépend du type de leurs topologies.

L'inductance symétrique d'ordre $p$, $L_p$, qui conditionne l'ondulation du courant de branche à $p \cdot f_{dec}$, dans le cas des inductances indépendantes correspond à l'inductance propre $L$ :

$$L_p = L \qquad (4.6)$$

La réactance d'ordre $p$ est alors égale à :

$$X_p = L_p \cdot (p\omega) = L \cdot (p\omega) \qquad (4.7)$$

avec $\omega = 2\pi f_{dec}$ : la pulsation. L'amplitude de l'harmonique $j$ d'un signal carré prenant la valeur 0 et $E$ ($E$ : tension de bus d'entrée) et de rapport cyclique $D$ est donné par :

$$V_j = \frac{2E sin(\pi jD)}{\pi j} \tag{4.8}$$

Pour $j = p$

$$V_p = \frac{2E sin(\pi pD)}{p\pi} \tag{4.9}$$

L'amplitude de l'harmonique d'ordre $p$ du courant de branche se déduit à partir des équations (4.6) et (4.8), tout en négligeant la résistance des enroulements :

$$I_p = \frac{V_p}{X_p} = \frac{2E sin(\pi pD)}{p\pi L \cdot (p\omega)} \tag{4.10}$$

sachant que $I_q = \frac{1}{2}(\Delta Is/p)$, l'inductance de chaque enroulement se calcule, en fonction de l'ondulation du courant de sortie et du nombre de cellules $p$ comme suit :

$$L = \frac{2E sin(\pi pD)}{p\pi(\frac{\Delta I_s}{2p}) \cdot (p\omega)} = \frac{2E sin(\pi pD)}{p\pi(\frac{\Delta I_s}{2}) \cdot (2\pi f_{dec})} \tag{4.11}$$

### 4.2.4  Les interrupteurs de commutation

Le transistor bipolaire et le MOSFET ont des caractéristiques complémentaires. Le premier présente de faibles pertes de conduction, spécialement pour des tenues en tension de claquage importantes, mais présente des temps de commutation élevés, spécialement à l'ouverture. Le MOSFET peut être commuté beaucoup plus rapidement, mais les pertes de conduction de ce dernier sont plus importantes, surtout pour des composants prévus pour supporter des tensions de claquage élevées. Ces observations ont conduit à la réalisation d'une combinaison entre ces deux types de composants pour aboutir à l'IGBT. Ce composant a porté suivant les fabricants les noms d'IGT (Insulated Gate Transistor), de GEMFET (Gain Enhanced MOSFET) ou de COMFET (Conductivity Modulated FET), avant que l'appellation IGBT (Insulated Grille Bipolar Transistor) ne s'impose. Selon le composant utilisé, la fréquence de « découpage » $f_{dec} = 1/T_{dec}$, à laquelle est soumis le composant change. En général, on cherche à utiliser la fréquence la plus élevée possible. Cependant, plus la puissance nominale $P_n$ d'un convertisseur est élevée, plus cette fréquence est faible. On cherche donc à établir « un facteur de mérite » $\eta$ pour chaque composant. Celui-ci i est le produit : $\eta = P_n \cdot f_e$

La figure.4.3 présente un diagramme à échelle logarithmique des domaines d'utilisation de chaque composant.

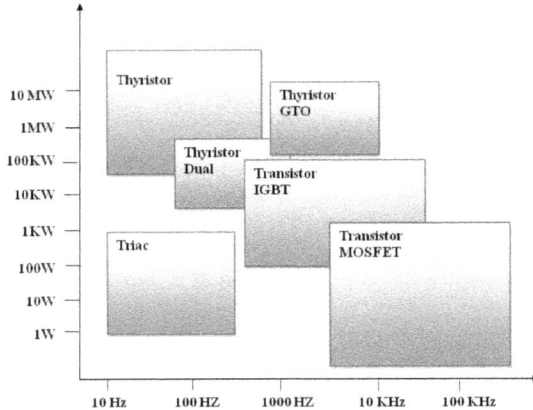

FIGURE 4.3 – Diagramme puissance-fréquence des composants.

### 4.2.4.1  MOS et MOSFET de puissance

Le transistor MOS est un composant totalement commandé à la fermeture et à l'ouverture. C'est le composant le plus rapide à se fermer et à s'ouvrir. Il est classiquement utilisé jusqu'à $300 kHz$, voire $1 MHz$. C'est un composant très facile à commander. Il est rendu passant grâce à une tension $V_{GS}$ positive (de l'ordre de $7V$ à $10V$). La grille est isolée du reste du transistor, ce qui procure une impédance grille-source très élevée. La grille n'absorbe donc aucun courant en régime permanent. Cela n'est pas vrai lors des commutations et c'est pour cela que les microprocesseurs (Pentium ou Athlon) chauffent autant. La jonction drain-source est alors assimilable à une résistance très faible : $R_{DSon}$ de quelques $m$ . On le bloque en annulant $V_{GS}$ , $R_{DS}$ devient alors très élevée.

L'inconvénient majeur est sa résistance à l'état passant ( $R_{DSon}$) qui augmente suivant la loi : $V_{maxDS}^{2,7}$ Pour pallier à cet inconvénient, les fabricants proposent des composants à grande surface de silicium. Cela rend les MOS chers dès que la tension nominale dépasse

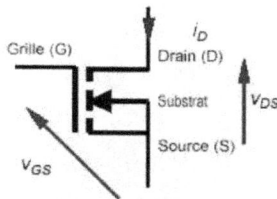

FIGURE 4.4 – Transistor MOSFET

200 V.

À l'instar du transistor bipolaire, le transistor MOS possède également un mode de fonctionnement linéaire. Ce dernier n'est pas utilisé en électronique de puissance. Il se comporte alors comme une résistance ($R_{DS}$) commandée en tension ($V_{GS}$).

Les MOS les plus courants supportent des tensions allant jusqu'à 500 V. On trouve des MOS pouvant supporter jusqu'à $1400V$. Le MOS n'est intéressant pour les tensions élevées que dans le cas des convertisseurs de faible puissance ($< 2kW$) ou lorsque la rapidité est indispensable. Les interfaces sont beaucoup plus simples que pour les transistors bipolaires, car les transistors MOS sont commandés en tension (le courant de grille très faible est sans influence). Ils peuvent donc être directement commandés par un simple circuit numérique en logique TTL ou CMOS. Les seuls problèmes qui apparaissent sont liés aux potentiels de source élevés ou flottants. Les solutions adoptées sont les mêmes que pour les transistors bipolaires (opto-coupleurs).

#### 4.2.4.2 Module des interrupteurs de commutation :

D'après les études théoriques et le cahier des charges, chaque cellule de commutation doit passer un courant moyen de 20A. Afin d'augmenter la densité de puissance, nous avons choisi 3 modules intelligents (les semiconducteurs, le driver et les protections sont dans le même boîtier) de puissance "IP2002" fabriqués par l'entreprise International Rectifier. Chaque module est capable de passer un courant moyen de 30A et fonctionner à une fréquence de découpage allant jusqu'à 1MHz avec une température de boîtier et de PCB ne dépassant pas 90°C. Le IP2002 présente une solution très compact puisque dans le même boîtier on intègre le circuit driver, la cellule de commutation et même une capacité céramique de découplage au niveau du bus d'entrée ( figure.4.6). Cette solution intégrée permet de réduire à la fois les inductances parasites, le temps de conception et le coût.

## iP2002 Power Block

Figure 4.5 – Boitier du module d'une cellule de commutation.

La figure.4.5 représente le boitier BGA de la cellule de commutation, ce type boîtier BGA est composé d'une matrice de billes de soudures. Ces billes sont soudées sur un circuit imprimé possédant des plages d'accueil d'un diamètre adéquat. Il existe également des connecteurs qui permettent d'établir une liaison électrique entre un circuit intégré BGA et un circuit imprimé. Le boîtier BGA a l'avantage d'être compact et de haute densité, le pas entre billes pouvant atteindre quelques dixièmes de mm, il a une bonne jonction thermique avec le PCB, et de meilleures caractéristiques électriques qu'un composant à pattes (inductance, capacité parasites). Ses inconvénients sont essentiellement mécaniques : sa forte rigidité le rend sensible notamment aux différences de température (dilatation du circuit intégré et du PCB). Le montage de ce composant est une étape très délicate, dépendante de plusieurs contraintes (précision du placement, nature de la pâte à braser, profil du four, présence d'humidité ou d'impuretés pouvant faire exploser les billes lors de la chauffe, etc.). Enfin du point de vue de l'accessibilité, il est naturellement très difficile de faire des modifications sur des BGA, ce qui rend l'étape de prototypage délicate. La figure.4.6 représente le schéma interne de la cellule de commutation avec le circuit de control des MOSFETs la cartographie thermique de la cellule de commutation pendant un fonctionnement nominale.

La figure.4.7 représente l'évolution des pertes totales de la cellule de commutation en fonction du courant de sortie dans des conditions de fonctionnement extrêmes.

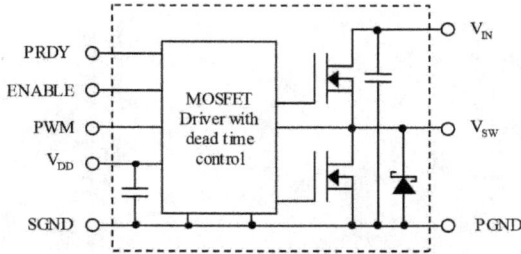

FIGURE 4.6 – Module d'une cellule de commutation.

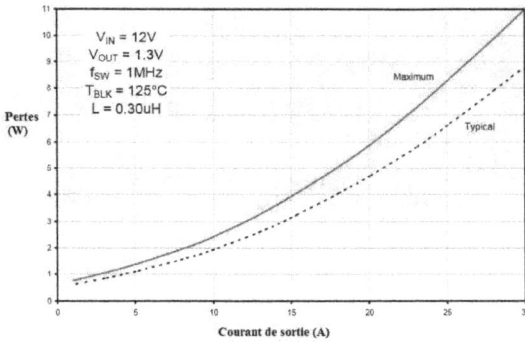

FIGURE 4.7 – Module d'une cellule de commutation.

## 4.3 La carte de commande :

Le support matériel utilisé pour l'implantation des algorithmes de commande est une solution matérielle basée sur la carte FPGA Spartan 3E XCS400-PQ208 de la firme Xilinx. Cette carte FPGA contient 400.000 portes logiques et inclut un oscillateur interne qui délivre une horloge de fréquence 50 MHz. L'architecture générique du FPGA de cette carte est composée d'une matrice de 5376 slices liées entre elles par des connexions programmables. Il est à noter qu'une slice est un bloc logique configurable qui contient deux cellules logiques du type de celle présentée par la figure.4.8. Le FPGA de la carte Spartan 3E inclut aussi 16 multiplieurs [18 18], des blocs de mémoires RAM internes de taille 18Kb et 141 entrées/sorties. Cette carte permet aussi une communication avec des dispositifs externes via une liaison série RS232 ou par port USB. Les entrées/sorties de cette carte possèdent un niveau logique 0-3.3V. La figure.4.9 présente les différentes parties de la carte

FIGURE 4.8 – Carte de commande SPARAN 3E Xilinx.

Spartan 3E.

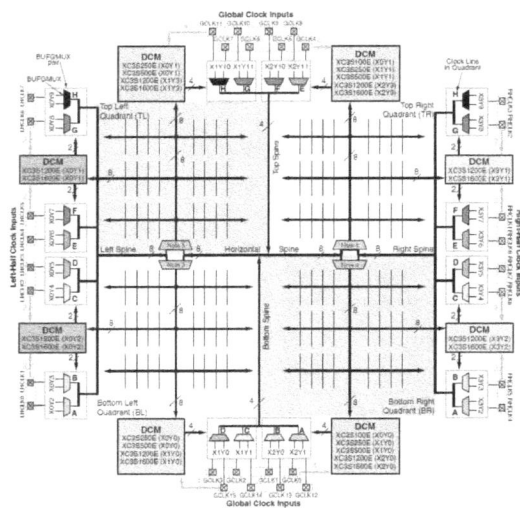

FIGURE 4.9 – L'architecture interne d'une carte de commande SPARTAN 3E

## 4.4  Schéma global du montage

Le schéma du montage expérimental utilisé pour vérifier les formes d'ondes et valider les résultats théoriques est montré dans la ( figure.4.10). Ce schéma de principe est
identique avec le schéma électrique employé dans les simulations du chapitre précédent.
L'alimentation est composée d'une source de tension continue et d'un condensateur de
filtrage intégré afin de limiter les ondulations de tension. Le convertisseur se compose de
3 cellules de commutation en parallèles. Un découplage capacitif a été réalisé sur toutes
les sorties des cellules de commutation afin d'éliminer toute composante continue des courants de phase. Pour être en accord avec les objectifs de ce chapitre et pouvoir comparer
les résultats expérimentaux avec les simulations, l'architecture interne du convertisseur
est identique au précédentes études et les conditions de mesures sont les mêmes que celles
définies au chapitre précédent.

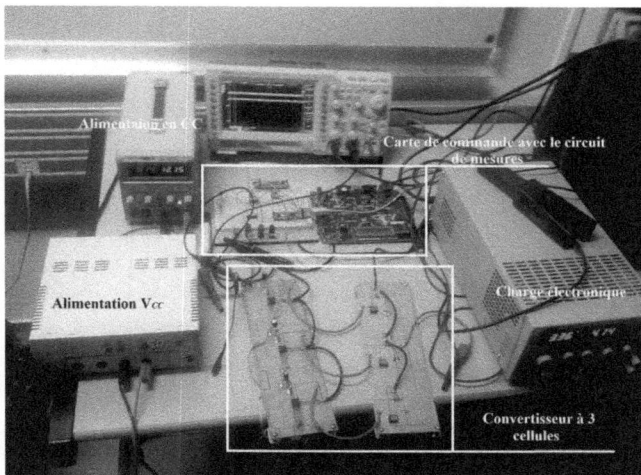

FIGURE 4.10 – Schéma global du montage

## 4.5   Partie expérimentale

le montage expérimental du VRM que nous avons réalisé est un convertisseur DC-DC multicellulaire parallèle composé de trois modules identiques. Chaque module comporte des capacités de filtrage d'entrée, une cellule de commutation et un filtre de sortie composé des condensateurs. Les trois tensions à la sortie des cellules de commutation sont déphasées régulièrement. Les spécifications du prototype réalisé sont les suivantes :

-> Tension d'entrée, $E$ = 12$V$

-> Tension de sortie, $V_C$ = 1.2$V$ − 4$V$

-> Rapport cyclique, $DVariable$

->Courant de sortie, $I_s$ = 100$A$

-> Nombre de branches, $p$ = 3

-> Fréquence de découpage, $f_{dec}$ = 100$kHz$

-> Ondulation crête à crête du courant de sortie, $\Delta I_s$ = 10%$I_s$

-> Ondulation de la tension de sortie, $\Delta V_C$ = 5%$V_C$

### 4.5.1   Commande classique (MLI)

Dans cette partie on a appliqué une commande MLI aux trois cellules de commutation. Les signaux de commande ont le même rapport cyclique $D$ et sont déphasés de $2\pi/3$. Les tensions délivrées par les trois cellules de commutation sont des tensions carrées de niveaux 0 et $E$ et déphasées de $2\pi/3$.

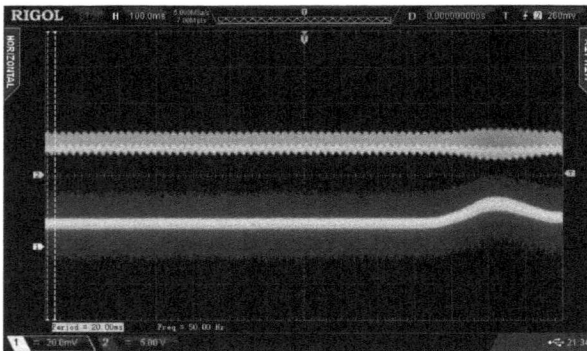

FIGURE 4.11 – Commande par MLI avec un déséquilibrage des courants

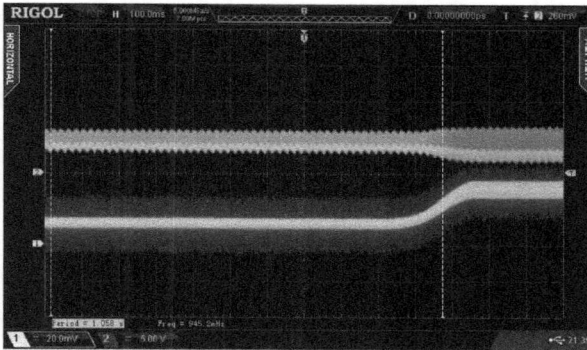

FIGURE 4.12 – Commande par MLI avec une variation de la charge

Les figures ( figure.4.11) et ( figure.4.12) représentent le courant de sortie $I_s$ et la tension de sortie $V_C$ en appliquant la commande MLI. On remarque bien que l'ondulation de la tension de sortie est importante. Les fortes ondulations sont dues au déséquilibrage des courants de branches, ce déséquilibrage est causé par la commande MLI. Les variations de la charge affectent la tension de sortie $V_C$, la figure.4.12 représente les imperfections de la commande classique. Puisque dans la pratique les inductances de liaison ont des valeurs différentes et cela provoque le déséquilibrage modulaire.

### 4.5.2 Commande proposée

Les résultats expérimentaux présentés dans cette partie sont obtenu avec l'implémentation de l'algorithme de commande proposé dans le but de réguler la tension de sortie et rééquilibrer les courants de branches. Cet algorithme est implémenté sur une carte à base des FPGA.

La figure.4.13 représente l'évolution du courant de sorte $I_s$ et la tension de sortie $V_C$ dans le cas de la commande développée.

Une variation de charge a été appliquée au convertisseur passant d'une valeur supérieure à une valeur inférieure, les résultats nous permettent de vérifier que la tension de sortie n'a pas subi de variations. La robustesse du contrôleur est vérifiée même dans le cas du passage d'une valeur minimale de la charge à une valeur maximale.

L'approche proposée nous a aussi permis de vérifier la convergence et la réaction rapide de la boucle de régulation de tension et du courant. En comparant les résultats obtenus en simulation et pratique, On peut dire que les deux types de résultats ne présentent pas

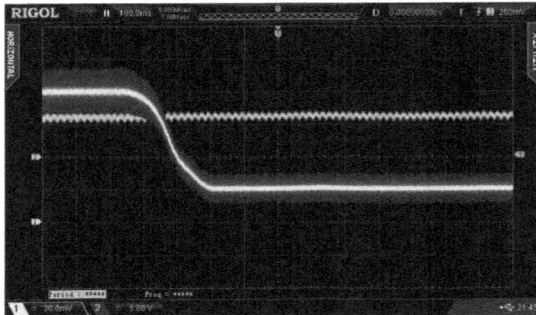

FIGURE 4.13 – Commande proposée avec diminution du courant absorbé par la charge passant de $I_s = 35A$ vers $I_s = 10A$

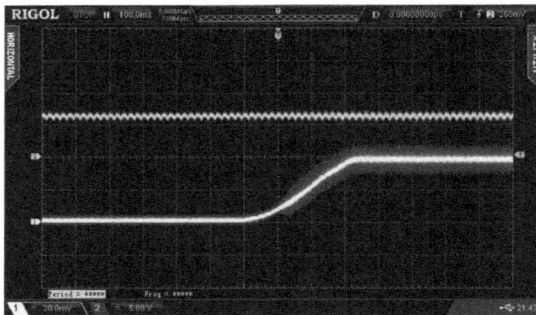

FIGURE 4.14 – La tension de sortie $V_C$ et le courant de sortie $I_s$ dans le cas de la commande proposée ( $I_s = 0A$ vers $I_s = 30A$ )

de différences.

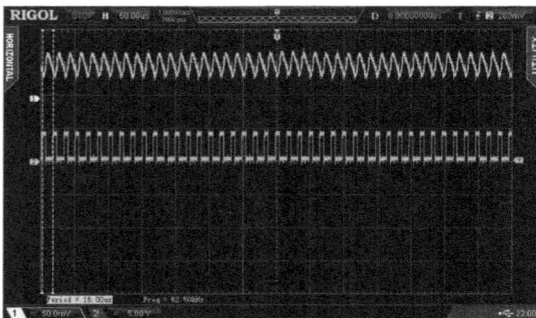

FIGURE 4.15 – Le courant $I_1$ et la commande $T_{11}$ de la première branche

La figure.4.15 représente l'évolution du courant dans la première branche et la commande de la première cellule de commutation.

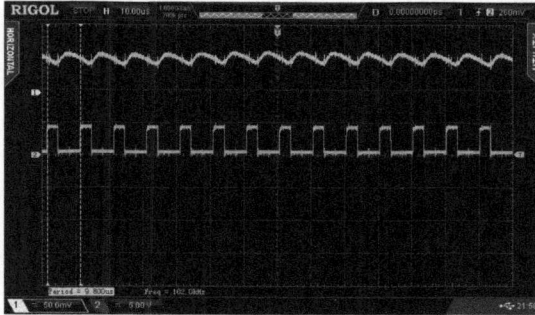

FIGURE 4.16 – Le courant $I_2$ et la commande $T_{21}$ de la première branche

La figure.4.16 représente l'évolution du courant dans la deuxième branche et la commande de la deuxième cellule de commutation.

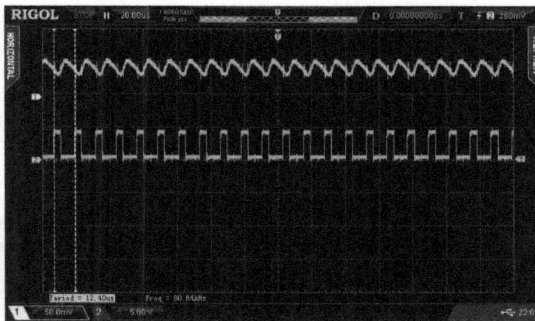

FIGURE 4.17 – Le courant $I_3$ et la commande $T_{31}$ de la première branche

La figure.4.17 représente l'évolution du courant dans la troisième branche et la commande de la troisième cellule de commutation.

Les résultats expérimentaux ont montré des performances importantes de l'approche développée, le courant absorbé par le convertisseur est moins pollué. La figure.4.18 montre l'évolution du courant d'entrée $I_e$ et la tension de sortie $V_C$ dans le cas de la commande développée précédemment.

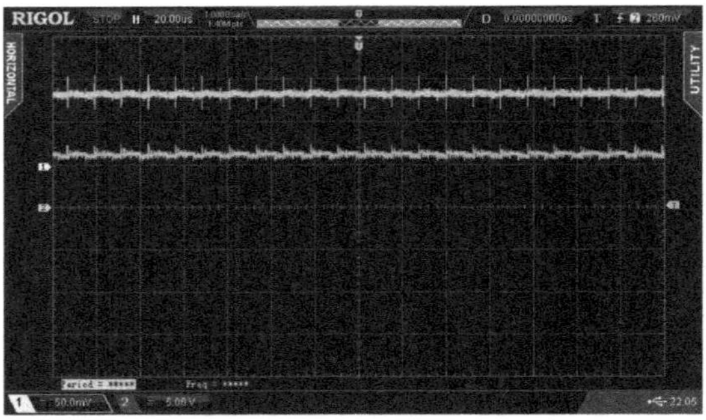

FIGURE 4.18 – Le courant absorbé $I_e$ et la tension de sortie $V_C$

## 4.6    Résultats expérimentaux pour l'observation des courants de branches

Pour valider plus précisément la robustesse de observateur hybride développé précédemment, des tests spécifiques ont été réalisé.

Les figures figure.4.19, figure.4.20 et figure.4.21 représentes les résultats expérimentaux obtenus pour l'observation des courants de branches ($I_1, I_2 et I_3$).

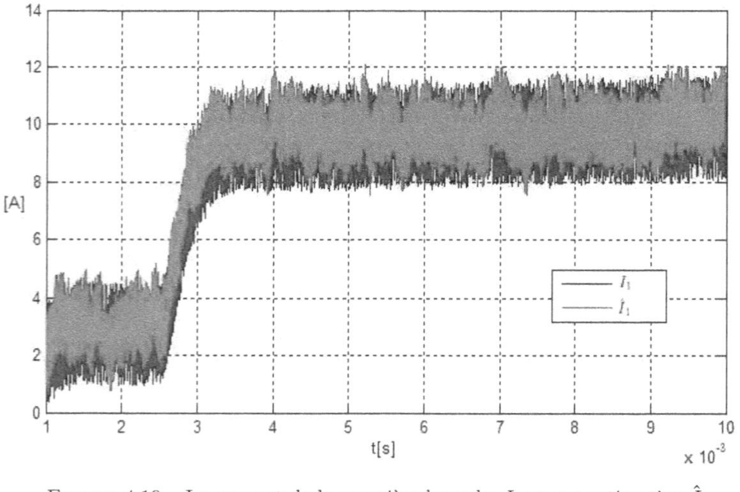

FIGURE 4.19 – Le courant de la première branche $I_1$ et son estimation $\hat{I}_1$

En effet, nous avons effectué plusieurs tests en simulation et en temps réel concernant

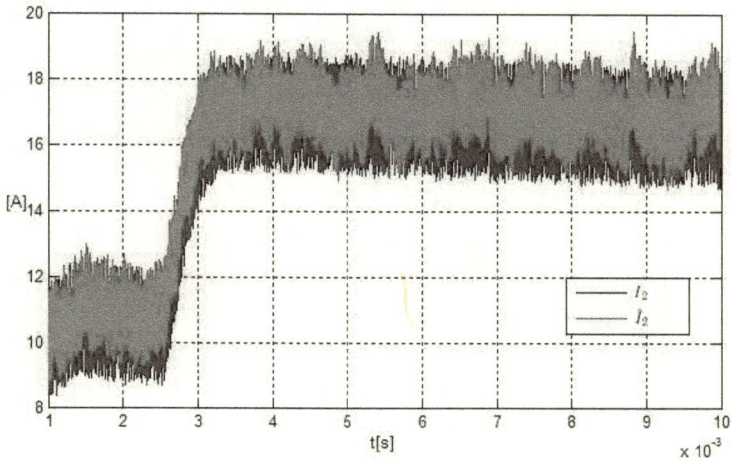

FIGURE 4.20 – Le courant de la deuxième branche $I_2$ et son estimation $\hat{I}_2$

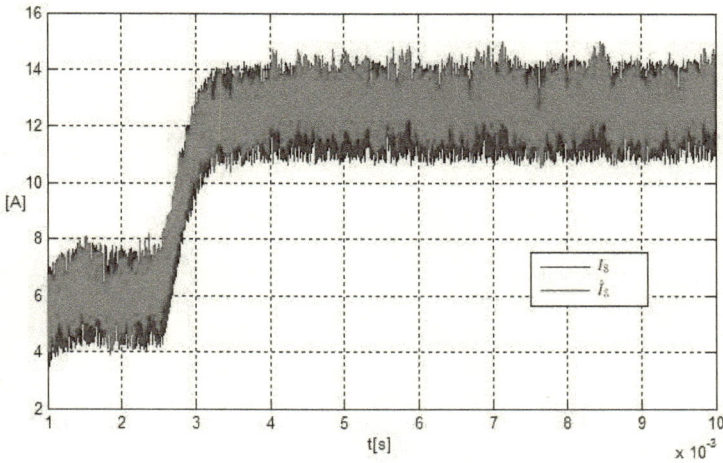

FIGURE 4.21 – Le courant de la troisième branche $I_3$ et son estimation $\hat{I}_3$

les variations paramétriques et le rejet de perturbation et nous avons constaté que la stratégie du mode de glissement (super-twisting) d'ordre supérieur reste toujours robuste vis-à-vis des variations de la charge.

## 4.7   Conclusion :

Dans ce chapitre, une validation expérimentale des résultats théoriques est vérifiée. En premier lieu une maquette a été réalisée en prenant en compte les contraintes pratiques et théoriques vues au chapitre précédent. Les résultats ont montré de très bonnes performances des approches développées sur la régulation et l'observation des grandeurs physiques du convertisseur. Les variations de la charges nous ont permis de vérifier la robustesse des algorithmes proposés par rapport à la commande classique. Quelques améliorations pourraient être apportées à cette étude. En particulier, nous pourrions envisager une variante de l'algorithme d'équilibrage des courants de branches permettant le fonctionnement en mode variables et dégradé . D'autre part, il serait intéressant de tester la version améliorée de la commande, en y incluant les mode dégradés avec une reconfiguration de la commande pour maintenir un fonctionnement minimal.

# Conclusion Générale

Le travail présenté dans ce livre a traité de la modélisation, l'observation et la commande des convertisseurs multicellulaires parallèles. Nous nous sommes aussi intéressés à l'estimation des états dynamiques du convertisseur en utilisant les techniques d'observateurs.

Dans le premier chapitre, l'intérêt s'est porté sur la modélisation des convertisseurs multicellulaires parallèles et leurs domaines d'application, notamment celles liées aux VRM (Voltage Regulator Module). Nous avons également mis en exergue l'intérêt des convertisseurs multicellulaires parallèles, notamment en matière d'intégration hybride de puissance. En effet, ces convertisseurs permettent, en jouant sur la modularité, de s'adapter aisément à un cahier des charges donné, d'améliorer la qualité de l'énergie fournie (faible distorsion harmonique), de limiter le sur-échauffement des cellules et donc de réduire les pertes.

Dans le deuxième chapitre, nous nous sommes intéressés à l'analyse de l'observabilité et la synthèse d'un observateur. Ensuite, par l'utilisation d'un observateur adapté, nous avons montré qu'on peut reconstituer les différents courants de branches avec l'utilisation d'un seul capteur de courant placé au niveau de l'entrée du convertisseur. La particularité du modèle du système présentant des discontinuités au niveau des interrupteurs de commutations nous a mené à développer une analyse de l'observabilité particulière appelée $Z(T_N)Obsevability$. Cette analyse est appliquée spécifiquement à une classe de systèmes hybrides dynamiques.

Le troisième chapitre est consacré à la synthèse d'une loi de commande dans le but d'une meilleure répartition des courants de branches. En effet, l'algorithme de contrôle est synthétisé à base d'un régulateur hybride. Ce dernier est composé de deux parties, la première est un régulateur PI qui assure la régulation de la tension de sortie et la deuxième est synthétisée à l'aide d'une modélisation par des réseaux de Pétri, elle veille à la régulation des courants de branches autour des points de fonctionnement équilibrés. Les résultats de simulations ont permis de mettre en évidence les performances et la robustesse de la loi de commande proposée.

Afin de valider les résultats théoriques nous avons entrepris dans le quatrième chapitre la réalisation d'un prototype d'alimentation avec un cahier des charges de type VRM (tension de sortie de 4V, courant de sortie de 60A, fréquence de commutation de $100kHz$, tension d'entrée de 12V). Cette réalisation a été faite avec des composants adaptés utilisant des techniques de report particulières des composants de puissance sur circuits imprimés (boitier BGA) qui joue le rôle de drain thermique (radiateur). Une commande hybride est développée pour optimiser le contrôle et la régulation des courants de branches. Grâce au banc que nous avons réalisé, nous avons pu valider expérimentalement l'ensemble de nos méthodes de commande et d'observation.

A ce stade de nos travaux, de multiples perspectives de développement s'ouvrent à nous. Parmi celles-ci, nous pouvons citer :

– Convertisseurs multicellulaires à topologie hybride « Série-Parallèle» : Pour des raisons socioéconomiques (par exemple couplage de différentes sources à énergie renouvelable), il sera nécessaire dans le futur de concevoir des convertisseurs de grande puissance combinant les performances des deux technologies « série » et « parallèle».

– Convertisseurs multicellulaires éco-durables : Des études théoriques et pratiques sur la répartition de la chaleur dans le PCB avec les lois de commande développées dans ce travail, seront nécessaires pour optimiser le rendement du convertisseur, limiter les pertes et donc d'optimiser son efficacité énergétique : L'action pourra être faite tout aussi bien dans la gestion du courant, qu'au niveau du refroidissement des composants de puissance.

– Convertisseurs à haute performance : Il s'agira d'étendre les travaux actuels et comparer les performances obtenues en termes de précision, vitesse et robustesse, avec celles des autres stratégies de commande en boucle fermée. Les performances devront être testées pour les deux modes de fonctionnement : normal et dégradé. Ce qui ouvre aussi un large champ d'investigation en diagnostic des convertisseurs de puissance, soit avec une approche système soit avec une approche signal.

Nous pourrions aussi envisager la conception et le contrôle de systèmes d'électronique de puissance dédiés à des applications spécialisées, comme exemples :

1. Véhicules hybrides (piles à combustibles, charge rapide, Smart grid ...)

2. Générateurs à résonance.

3. Alimentations des fours à induction.

4. Alimentations des électrolyses.

# Table des figures

1.1  Convertisseur multicellulaire parallèle à $n$ cellules de commutation. . . . . . 16

1.2  Cellule de commutation d'un convertisseur multicellulaire parallèle. . . . . . 17

1.3  Formes d'onde des grandeurs physique d'une cellule de commutation (courants et tensions). . . . . . . . . . . . . . . . . . . . . . . . . . . . . . 18

1.4  Formes d'onde des grandeurs physique d'une cellule de commutation (Tension aux bornes de la charge $V_C$). . . . . . . . . . . . . . . . . . . . . 21

1.5  Formes d'onde des grandeurs physique d'une cellule de commutation (Tension aux bornes de l'inductance$L$). . . . . . . . . . . . . . . . . . . . . 22

1.6  Formes d'onde des grandeurs physique d'une cellule de commutation (Courant $I_L$). . . . . . . . . . . . . . . . . . . . . . . . . . . . . . . . . . 22

1.7  Cellule de commutation détaillée d'un convertisseur parallèle. . . . . . . . . 23

1.8  Forme d'ondes simplifiées dans le MOS et la diode PIN. . . . . . . . . . . . 27

1.9  Une première approche de structure mutiniveaux : l'onduleur en pont complet. . . . . . . . . . . . . . . . . . . . . . . . . . . . . . . . . . . . . 29

1.10 VRM : alimentation des microprocesseurs. . . . . . . . . . . . . . . . . . . 30

1.11 Evolution du nombre de transistors dans les $\mu$ Processeurs . . . . . . . . 30

1.12 Évolution des grandeurs d'entrées des microprocesseurs . . . . . . . . . . . 31

1.13 l'architecture actuelle retenue pour l'alimentation des microprocesseurs . . 32

1.14 Implantation dun VR sur une carte mère . . . . . . . . . . . . . . . . . . 33

1.15 Un VRM destiné à l'alimentation d'un $\mu$ processeur. . . . . . . . . . . . 34

1.16 VRM avec une cellule de commutation. . . . . . . . . . . . . . . . . . . . 34

1.17 VRM avec 5 cellules de commutation. . . . . . . . . . . . . . . . . . . . . 35

1.18 VRM avec 5 cellules de commutation. . . . . . . . . . . . . . . . . . . . . 36

2.1  Classification des modèles analytiques pour les convertisseurs DC-DC. . . . 42

2.2   Convertisseur multicellulaire parallèle à 3 cellules. . . . . . . . . . . . . . . .   42

2.3   Structure générale d'un observateur  . . . . . . . . . . . . . . . . . . . . . .   44

2.4   Courants de branches ($i_1$, $i_2$, $i_3$) et leurs estimations ($\hat{i}_1$, $\hat{i}_2$, $\hat{i}_3$)  . . . . . .   62

2.5   Zoom des courants et leurs estimations. . . . . . . . . . . . . . . . . . . . .   62

2.6   L'erreur d'observation $e_i$. . . . . . . . . . . . . . . . . . . . . . . . . . . .   63

2.7   Les courants de branches et leurs estimations dans le cas d'une charge va-
      riable. . . . . . . . . . . . . . . . . . . . . . . . . . . . . . . . . . . . . . . .   63

2.8   Erreur d'observation des courants de branches avec variation de la charge
      à $t = 0.013s$  . . . . . . . . . . . . . . . . . . . . . . . . . . . . . . . . . .   64

2.9   La tension de sortie $V_C$ et son estimation $\hat{V}_C$  . . . . . . . . . . . . . . . .   64

3.1   Syntaxe d'un automate hybride linéaire . . . . . . . . . . . . . . . . . . . . .   70

3.2   Réseaux de Pétri et son espace de marquage . . . . . . . . . . . . . . . . . .   71

3.3   Réseaux de Petri Continu et son espace de marquage . . . . . . . . . . . . .   72

3.4   Réseaux de Petri Hybride et son espace de marquage . . . . . . . . . . . . .   72

3.5   Franchissement des transitions dans un réseaux de Petri temporisé . . . . .   73

3.6   Comparaison graphique du circuit RL. . . . . . . . . . . . . . . . . . . . . .   74

3.7   Caractérisation de l'interrupteur idéalisé. . . . . . . . . . . . . . . . . . . . .   75

3.8   Convertisseur multicellulaire parallèle à 3 cellules de commutation. . . . . .   76

3.9   Cellule de commutation et ses configurations possibles. . . . . . . . . . . . .   77

3.10  Composant électronique IP2002 contenant une cellule de commutation . . .   77

3.11  Le schéma représentant la commande hybride du système . . . . . . . . . .   78

3.12  RdP de commande des interrupteurs du convertisseur à 3 cellules de com-
      mutation. . . . . . . . . . . . . . . . . . . . . . . . . . . . . . . . . . . . . . .   80

3.13  RdP décrivant les configurations possibles du convertisseur. . . . . . . . . .   80

3.14  Configurations autorisées en fonction des courants $I_1$, $I_2$, $I_3$ et $I_e$. . . . . . .   81

3.15  Commande MLI classique sans déséquilibrage des courants de branches . . .   83

3.16  Commande MLI classique en présence d'un déséquilibrage des courants de
      branches. . . . . . . . . . . . . . . . . . . . . . . . . . . . . . . . . . . . . . .   83

3.17  Commande hybride basée sur le RdP en présence d'un déséqulibrage des
      courants de branches. . . . . . . . . . . . . . . . . . . . . . . . . . . . . . . .   84

3.18  Permutation passant de la commande classique vers la commande hybride
      en présence des déséquilibrages . . . . . . . . . . . . . . . . . . . . . . . . .   84

3.19 Évolution du courant d'entrée dans les deux cas de commandes . . . . . . . 85

3.20 Évolution de la tension de sortie . . . . . . . . . . . . . . . . . . . . . . . 85

4.1 Ondulation du courant de sortie pour $p$ branches en parallèles . . . . . . . . 89

4.2 Ondulation réduite du courant de sortie . . . . . . . . . . . . . . . . . . 90

4.3 Diagramme puissance-fréquence des composants. . . . . . . . . . . . . . . 92

4.4 Transistor MOSFET . . . . . . . . . . . . . . . . . . . . . . . . . . . . . 93

4.5 Boitier du module d'une cellule de commutation. . . . . . . . . . . . . . . 94

4.6 Module d'une cellule de commutation. . . . . . . . . . . . . . . . . . . . . 95

4.7 Module d'une cellule de commutation. . . . . . . . . . . . . . . . . . . . . 95

4.8 Carte de commande SPARAN 3E Xilinx. . . . . . . . . . . . . . . . . . . 96

4.9 L'architecture interne d'une carte de commande SPARTAN 3E . . . . . . . 96

4.10 Schéma global du montage . . . . . . . . . . . . . . . . . . . . . . . . . . 97

4.11 Commande par MLI avec un déséquilibrage des courants . . . . . . . . . . 98

4.12 Commande par MLI avec une variation de la charge . . . . . . . . . . . . 99

4.13 Commande proposée avec diminution du courant absorbé par la charge passant de $I_s = 35A$ vers $I_s = 10A$ . . . . . . . . . . . . . . . . . . . . . . 100

4.14 La tension de sortie $V_C$ et le courant de sortie $I_s$ dans le cas de la commande proposée ( $I_s = 0A$ vers $I_s = 30A$ ) . . . . . . . . . . . . . . . . . . . . 100

4.15 Le courant $I_1$ et la commande $T_{11}$ de la première branche . . . . . . . . . 100

4.16 Le courant $I_2$ et la commande $T_{21}$ de la première branche . . . . . . . . . 101

4.17 Le courant $I_3$ et la commande $T_{31}$ de la première branche . . . . . . . . . 101

4.18 Le courant absorbé $I_e$ et la tension de sortie $V_C$ . . . . . . . . . . . . . . 102

4.19 Le courant de la première branche $I_1$ et son estimation $\hat{I}_1$ . . . . . . . . . 102

4.20 Le courant de la deuxième branche $I_2$ et son estimation $\hat{I}_2$ . . . . . . . . 103

4.21 Le courant de la troisième branche $I_3$ et son estimation $\hat{I}_3$ . . . . . . . . 103

# Bibliographie

[AA98]     M. ALLAM , H. ALLA  : Modeling and simulation of an electronic component
           manufacturing system using hybrid Petri nets. *Semiconductor Manufacturing,
           IEEE Transactions on* :1998 , Page(s) : 374 - 383

[ADB13]    B.AMGHAR , M. DARCHERIF  , J-P. BARBOT  : $Z(T_N)$-Observability and
           control of parallel multicell chopper using Petri nets : *IET Journals Power
           Electronics* , :2013, Page(s) :1-11

[ADB11]    B.AMGHAR , M. DARCHERIF  , J-P. BARBOT  : Observability analysis for
           parallel muticell chopper : *Proceedings of IEEE SSD'11* , :2011, Page(s) : 1–6

[ADB12]    B.AMGHAR , M. DARCHERIF  , J-P. BARBOT  : Modelisataion et commande
           d'un convertisseur multicellulaire parallele par reseau de Petri : *Proceedings of
           CIFA Grenoble* , :2012, Page(s) 1–6

[ADB11]    B.AMGHAR , M. DARCHERIF  , J-P. BARBOT  : $Z(T_N) - Observability$ for pa-
           rallel muticell chopper : *Electrimacs* , :2011, 6-8th June 2011, Cergy-Pontoise,
           France

[ADB12]    B.AMGHAR , M. DARCHERIF  , J-P. BARBOT  : Modeling and control of parallel
           multicell chopper using Petri nets : *8th Power Plant and Power System Control
           Symposium* , :2012 , Toulouse, France.

[BTDB08]   K. BENMANSOUR , M. TADJINE , M. DJEMAÏ  M.S. BOUCHERIT : On Obser-
           vability and HOSM and Adaptive Observers Design for a multicell chopper. *In
           proc. of the 10th, IFAC International Workshop on Variable Structure Systems,*
           :, VSS-08 , Antalya, Tukey , 2008.

[BDD07]    K. BENMANSOUR , A. BENALIA , M. DJEMAÏ  J. DELEON : Hybrid control
           of a multicellular converter. *In Nonlinear Analysis : Hybrid Systems* :, 1, pp.
           1629, 2007.

[B05]     O. BETHOUX : Commande et détection de défaillance d'un convertisseur mul-
          ticellulaire série. *Thèse de doctorat, Ecole doctorale Science et Ingénieri, Uni-
          versité de Cergy-Pontoise* :2005.

[BB02]    O. BETHOUX , J-P. BARBOT : Multi-cell chopper direct control law preser-
          ving optimal limit cycles. *Control Applications, 2002. Proceedings of the 2002
          International Conference* :2002 , Page(s) : 1258 - 1263 vol.2.

[BBF06]   J-P BARBOT , D. BOUTAT , T.FLOQUET   : An observation algorithm for
          nonlinear systems with unknown inputs *in Automatica.* :V 45, Page(s) : 1970-
          1974

[DBB09]   M.DJEMAI , J.P. BARBOT   I. BELMOUHOUB :  Discrete-time normal form
          for left invertibility problem . *in European Journal of Control,* :Vol 15, N° 2,
          Page(s) :194-204, 2009.

[CL02]    P. CORDON , S. LE BALLOIS : Automatique - Systèmes linéaires et continus,
          Cours et exercices corrigés 2e édition . *Ouvrage DUNOD* :Paru le : 26/01/2006

[DBK99]   M.DJEMAI , J.P. BARBOT   H.K. KHALIL : Digital Multi-rate Control for a class
          of Nonlinear Singularly Perturbed Systems . *International Journal of Control,*
          :, Vol.72, No.10, Page(s) : 851-865, 1999.

[BCSM08]  N. BOUHALI , M. COUSINEAU, E. SARRAUT et T. MEYNARD :  Multiphase
          coupled converter : *IEEE, Power Electronics and Motion Control Conference,
          EPE-PEMC* , :Page(s) : 281–287 (Sept), 2008.

[D07]     M.A DRIGHICIU   : Application du formalisme reseaux de pétri pour la modé-
          lisation de systèmes hybrides : *ICCPS* , :Page(s) : 152–155 (Moldova), 2007.

[DLF07]   F. DEFAY , A. LLOR , M. FADEL : An active power filter using a sensorless
          muticell inverter. *in Proc. IEEE ISIE* . :, Jun. 47, 2007, Page(s) : 679684.

[DLF08]   F. DEFAY , A. LLOR , M. FADEL : A Predictive Control With Flying Capacitor
          Balancing of a Multicell Active Power Filter. *IEEE Tansactions on industrial
          electronics.* :, VOL. 55, NO. 9,Page(s) : 158-169 Sep 2008.

[EWL02]   F. ECKHOLZ , H. WOLF , J. LOSANSKY : A voltage regulator module (VRM)
          application for a switched mode power supply (SMPS) *CIEP 2002. VIII IEEE
          International* :Page(s) : 139 - 144, Oct. 2002.

[FAF98] A. FAVELA , H. ALLA , J-A. FLAUS : Modeling and analysis of time invariant linear hybrid systems. *Systems, Man, and Cybernetics, IEEE International Conference* :1998 , Page(s) : 839 - 844 vol.1 .

[FLD06-1] L. FRIDMAN , F. LEVANT , J. DAVILA : High-Order Sliding-Mode Observer for Linear Systems with Unknown Inputs *IEEE Control and Automation, 2006. MED '06. 14th Mediterranean Conference on* :2006 , Page(s) : 1 - 6.

[FLD06-2] L. FRIDMAN , A. LEVANT , J. DAVILA : High-Order Sliding-Mode Observation and Identification for Linear Systems with Unknown Inputs *Decision and Control, 2006 45th IEEE Conference on* :2006 , Page(s) : 5567 - 5572 .

[FSS11] B.C. FLOREA , D.A. STOICHESCU , V. STEFANESCU. : A Petri net approach to multicellular chopper control *Proceedings of IEEE SIITME* :2011.
bibitem[G05]bcdt-fermat M. GHANES : Block diagram network transformation. *Elec., Eng.,* :, 1951, Vol. 70, page(s) : 985-990.

[GB05] M. GHANES , J-P. BARBOT : On Sliding Mode and Adaptive Observers Design for Multicell Converter *American Control Conference (ACC)* :11-13 June, 2009, St-Louis, Missouri, USA.

[GDG05] M. GHANES , J. DE LEON , A. GLUMINEAU : Validation of an Interconnected High Gain Observer for Sensorless Induction Motor On Low Frequencies Benchmark : Application to an Experimental Set-up *IEE Proc. Control Theory and Applications* :Vol. 152, No. 4, Page(s) : 371-378, July 2005.

[GHTCS04] R. GOEBEL , J. HESPANHA ,A-R.TEEL , C.CAI ,R. SANFELICE : : generalized solutions and robust stability : *Proceedings of IFAC* (2004) Hybrid systems.

[HRI13] P.HAUROIGNÉ , P. RIEDINGER , C. IUNG : Observer-based output-feedback of a multicellular converter : control lyapunov function - sliding mode approach. *51st IEEE Conference on Decision and Control, CDC 2012, Maui, Hawaii* , :États-Unis (2012).

[HOLBE10] M. HERNANDEZ-GOMEZ , R. ORTEGA , M . LAMNABHI-LAGARRIGUE , O. BETHOUX , G. ESCOBAR : Robust adaptive PI stabilization of a quadratic converter : Experimental results. *Industrial Electronics (ISIE), 2010 IEEE International Symposium on* :2010 , Page(s) : 2999 - 3004

[JPJHALC98] Z. XINGZHU , L. JIANGANG , W. PIT-LEONG , C. JIABIN , W. HO-PU
, L. AMOROSO , F-C LEE , D-Y. CHEN : Investigation of candidate VRM
topologies for future microprocessors [voltage regulator modules]. *APEC '98.
Conference Proceedings* , Page(s) : 145 - 150 vol.1 1998

[KBX10]    W. KANG , J-P BARBOT L. XU : On the observability of nonlinear and
switched system , in Emergent Problems in Nonlinear Systems and Control". *a
book dedicated to Dr Wijesuriya P. Dayawansa, Lecture Notes in Control and
Information Sciences.* :V 45, Page(s) : 1970- 1974 Vol. 393, Editors Ghosh,
Bijoy ; Martin, Clyde F. ; Zhou, Yishao, Springer, 2010

[LC98]     S. LAFORTUNE, G. CASSANDRA : Introduction to discrete event systems :
*Kuwer Academic Publishers* , :848 pages. Hardbound (.), 1998.

[LJSZS03]  J.LYGEROS , H K. JOHANSSON , S N. SIM´C , J. ZHANG , S-S. SASTRY :
Dynamical Properies of Hbrid Automata : *IEEE Trans. on Autom* , :Page(s) :
2–17 2003 Control, Vol. (48)

[LWS03]    Z.G. LI , C.Y. WEN , Y.C. SOH. : Observer-based stabilization of switching
linear systems *Automatica* :Page(s) : 517-524, 2003.

[MF92]     T. MEYNARD, H. FOCH : Dispositif de conversion d'énergie électrique à semi-
conducteur : *Brevet français* , :92,00652 , 1992.

[MILM11]   A. MAALOUF , L. IDKHADJINE , S. LE BALLOIS  et E. MOUMASSON :
FPGA-based Sensorless Control of Brushless Synchronous Starter Genera-
tor for Aircraft Application : *IET Electric Power Applications* , :Vol.5, n°1,
Page(s) :181192, 2011

[MFA97]    T. MEYNARD , M. FADEL , N. AOUDA : Modeling of multi-level converters
*IEEE Transactions on Industrial Electronics* :44(3) : Page(s) :356  364, june
1997.

[PB01]     S. PROB , B. BACHMANN : A petri net library for modeling hybrid systems in
open modelica : *7th Modelica conference* , :Page(s) : 454–462 (Sep), 2009.

[P07]      M. PINARD : Convertisseurs et électronique de puissance : *Dunod* , :ISBN
978-2-10- 049674-7 (.), 2007.

[PJ00-1]   Y. PANOV , M. JOVANOVIC : Design considerations for 12-V/1.5-V, 50-A
voltage regulator modules. *in Proc. Fifteenth Annual IEEE Applied Power*

*Electronics Conference and Exposition APEC 2000* :vol. 1, 2000, Page(s) : 3946.

[PJ00-2] L. ZUMEL , A. GARCIA , J. DAVILA : DEmi reduction by interleaving of power converters. *in Proc. Fifteenth Annual IEEE Applied Power Electronics Conference and Exposition APEC 2000* :vol. 1, 2000, Page(s) : 3946.

[RA97] D. RENÉ , H. ALLA : Du grafcet aux réseaux de Petri *Ouvrage ISBN13 : 978-2-86601-325-7* :Nombre de pages : 500 pages Date de parution : 15/04/1997 (2e édition)

[L02] S. LE BALLOIS : Matlab/Simulink. Application à l'automatique linéaire. *Ouvrage Ellipses Marketing* :Paru le : 04/01/2002

[SA7] C. SREEKUMAR , V. AGARWA : Hybrid control approach for the output voltage regulation in Buck type DC-DC converter. *IET Electric Power Application* :2007. 1(6) Page(s) :897-906.

[T04] Texas Instruments : TPS 40090 multi-phase buck converter and TPS2834 drivers steps-down from 12-V to 1.5-V at 100 A. *TPS40090 multi-phase buck converter and TPS2834 drivers steps-down from 12-V to 1.5-V at 100 A* :Tech. Rep., June 2004.

[YBBB09] L. YU , J-P BARBOT , D. BOUTAT D. BENMERZOUK : Observability forms for switched systems with Zeno phenomenon or high switching frequency *in IEEE TAC* :2009 .

[ZJL96] M. ZHANG , M. JOVANOVIC , F.C. LEE : Design considerations for low voltage on board dc/dc modules for next generations of data processing circuits. *IEEE Trans. Power Electron,* :, Mar. 1996. vol. 11, page(s) : 328337,

www.ingramcontent.com/pod-product-compliance
Lightning Source LLC
Chambersburg PA
CBHW021113210326
41598CB00017B/1424